一定要知道的驚奇天文學

怖くて眠れなくなる天文学

宇宙的末日在何時？

縣 秀彥 著　蕭辰倢 譯

目錄

Part 1 太陽系充滿危險

Part 2

銀河世界帶來的恐懼

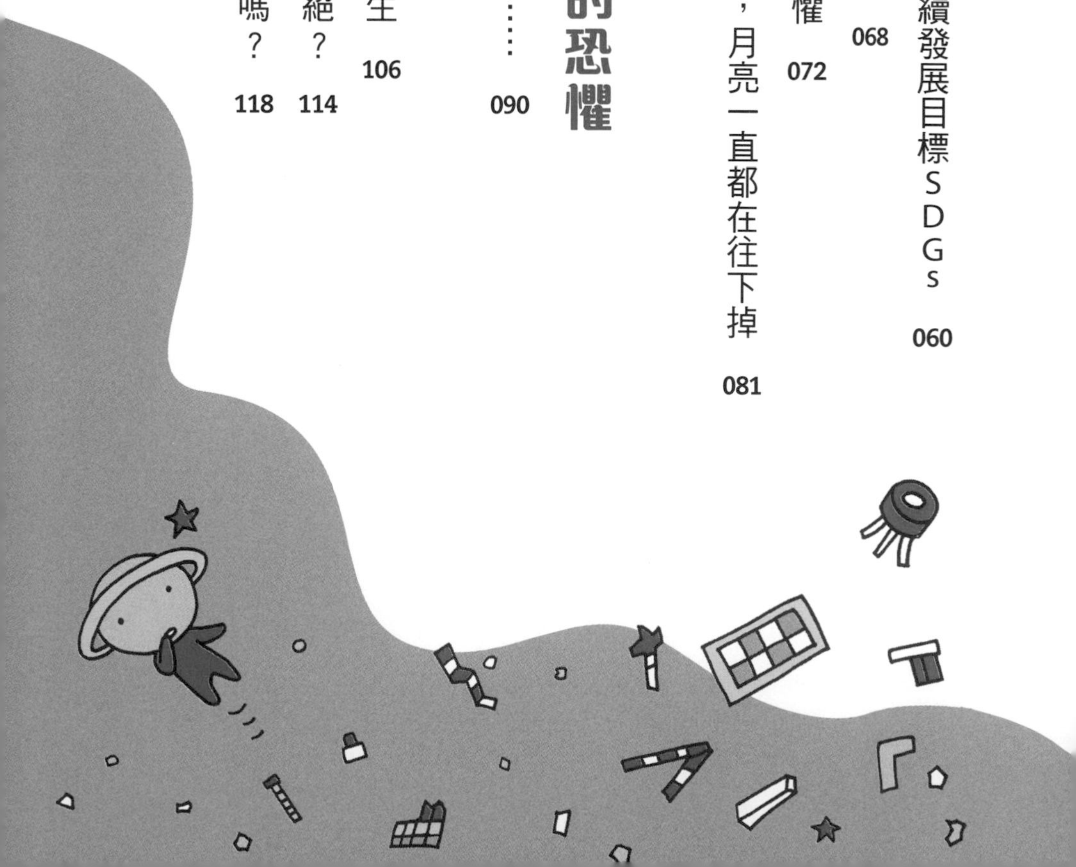

Part 3

宇宙的未來令人害怕

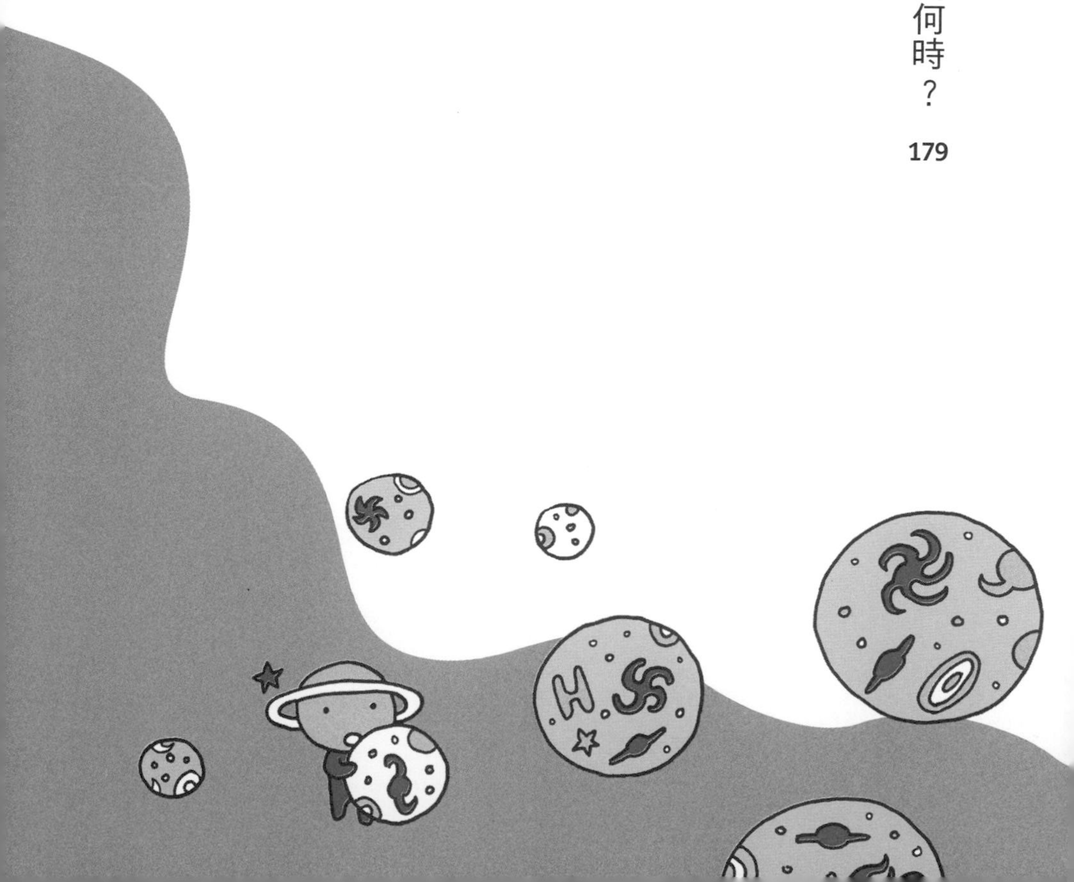

前言

天空和宇宙偶爾令人害怕

很久很久以前，原本過著樹上生活的猿類，不知為何開始在非洲大地上行走了起來，這大概是發生在七百萬年前的事。用雙腳行走的猿類，逐漸獲得驚人的身體能力，沒錯，就是發達的大腦；有了直立穩固的脊椎撐起身體，大腦逐步變得發達，許多以雙腳行走的類人猿物種相繼誕生，而後又滅絕；最後，智人，也就是我們人類所屬的物種存活了下來，這大概是二十萬年前的事。人類從何時起稱得上擁有「心靈」，至今還沒有定論，但人類這個物種，幾乎在演化出來的同時間，就對天空很感興趣，從陸續發現的原始人洞窟壁畫，可以看出這個情形。壁畫上除了描繪人類成群打獵的情景、各種動物，還刻畫了太陽、月亮和群星的模樣。

人類為什麼會對天空，也就是宇宙產生興趣呢？推測有好幾種因素，其中一種就是「恐懼」。人類對於天際產生害怕和敬畏的念頭，似乎是有原因的，例如突然現身的巨大流星（火流星），拉著長長尾巴的彗星，明亮至極的超新星，又或者日全食時，白天無預警的結束、黑夜突然降臨的景象等等，這些天地變異的事件，或許加深了原始人、古代人的畏懼之心；還有隕石墜落，雖然罕見，但原始人應該也有遇過。包含六千六百萬年前造成恐龍絕種的事件在內，對於地球上經歷過大滅絕的生命而言，面對天降物體的恐懼感和防禦本能，或許早就深藏在DNA裡。雖然現實上有九九％以上不可能發生，人類或許還是很害怕外太空飛來的巨石，就像在亞瑟・C・克拉克與史丹利・庫柏力克不朽的科幻名作《二〇〇一太空漫遊》之中登場的巨石（monolith）那般。另外，人類在地球表面活動的大約二十萬年期間，遭遇超級閃焰（第三九頁）、加馬射線暴（第一一四頁）的可能性，相信也不是零。除此之外，地球的大氣現象，包含了極光和大雷雨、龍捲風和颱風來襲、枯水期和乾旱的到來，對原始人類而言，都是天上難以預測的事件，想必在心中造成了莫大的「恐懼」。

自古以來，對人類而言，天空和宇宙就是偶爾會令人害怕到睡不著的對象，而這種恐懼感逐漸演變為敬畏自然的心態，並延伸發展出神的存在。時至今日，世界各地有許多人信仰各式各樣的宗教，崇拜著神（或佛）。人們認為，來世的景象，是在天堂或者極樂世界度過時光，這種想像力的發揮，絕不是過時的思維。宇宙就是有一種魔力，會讓人產生這些想法。站在唯物論★或現代科學的立場，或許很容易就否定死後的世界，但是不可能讓全人類去理解和否定宗教與來世。畢竟每個人的心靈世界都是一個自由的、無法侵犯的領域。

雖說如此，本書希望站在科學的立場，幫助讀者盡情享受天文學這門最古老學問的成果，而且，這還是一個染上恐怖氣氛、緊張刺激的世界，請好好享受！

★編註：唯物論是一種哲學理論，認為世界的基本成分為物質，所有的事物（包含心靈及意識）都是物質交互作用的結果。

Part 1

太陽系充滿危險

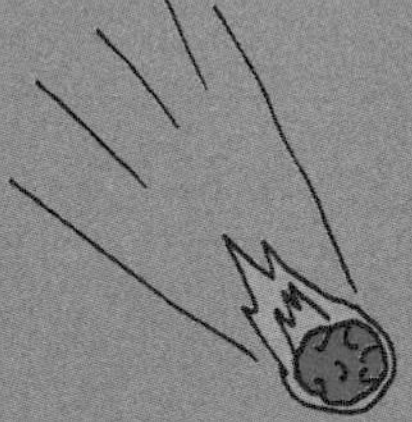

01

其實每夜都有隕石降落

恐怖的火流星與隕石

你看過流星嗎？每年到了八月中旬和十二月中旬，英仙座流星雨和雙子座流星雨就會成為媒體及網路的熱門話題；相信不少人也會想到在每年十一月登場的獅子座流星雨，它在一九九八至二〇〇一年左右正值大爆發。像這樣經國際天文聯合會（ＩＡＵ）所認可的流星雨，目前共有一百一十二場。流星雨主要是在地球經過彗星的運轉軌道時發生，遇到彗星散落的大量塵埃所造成；不過，流星並不只在這種情況下才能看到，若你在無月光、無光害，條件理想的晴朗夜晚仰望天空，相信每小時都能看見超過十顆流星。當地球大氣層外的小型塵埃，或更大型的固體，在高空一百二十至八十公里附近撞擊地球的大氣，這些塵埃會因溫

英仙座流星雨

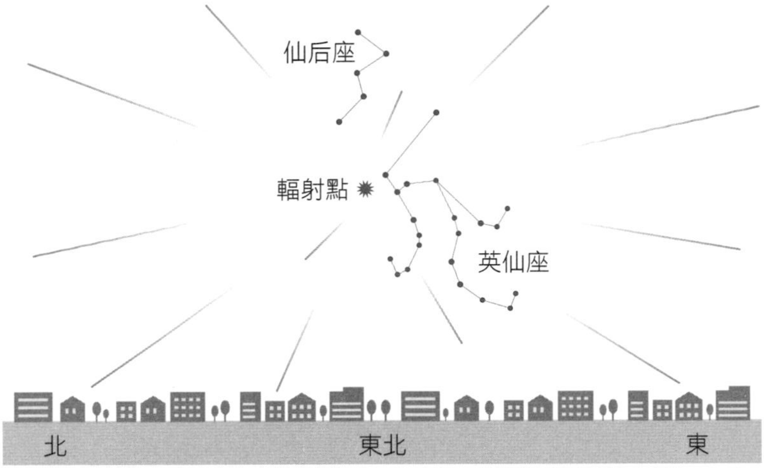

雙子座流星雨

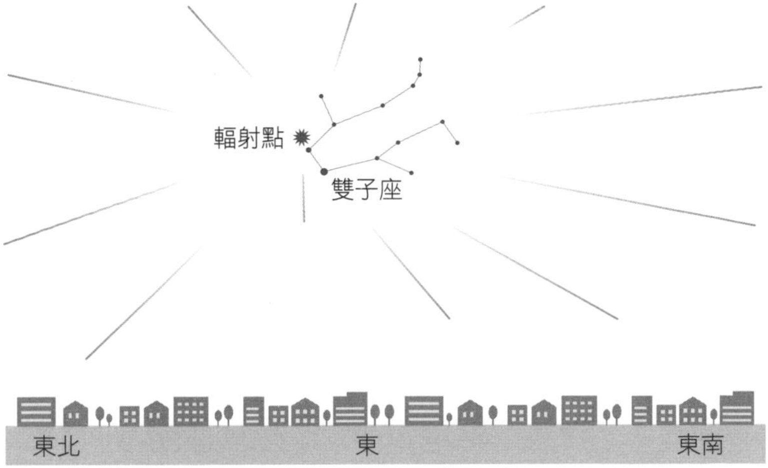

度增高而蒸發，使周遭的大氣發出光芒，成為我們看到的流星。白天的天空只是因為太明亮，我們才沒有辦法察覺，但其實一天二十四小時都有太空中飄流的塵埃，受地球引力吸引而衝進大氣層內，又或者在地球運行軌道上發生碰撞而發光，每日總量估計達四十公噸。我想，以一般人的概念來說，會覺得外太空是真空、什麼東西都沒有的地方，這種形象也不算錯。不過，太空的空間並不是完美的真空狀態，其實仍舊存在少許的塵埃，還有以氫氣為主的氣體；尤其相較於太陽系外的宇宙，在太陽系內部，存在著更大量的塵埃和氣體，這是因為，今日的太陽系是在四十六億年前，由巨大的星雲（氣體雲）收縮所形成。

在我工作的日本國立天文臺，客服部每個月都會接到詢問電話：「我看到了超級亮的流星。是不是有隕石掉下來了？」比金星還要閃耀明亮的流星，稱為火流星。火流星同樣也是幾乎每晚都會出現，大致上成分都是稍大型的塵埃，會在大氣中燃燒殆盡。常見的流星亮度跟一等星差不多，大約發出〇・二秒的光輝就會消失，尺寸約莫是咖啡豆大小；而如果是亮度超越金星的火流星，會持續閃耀好幾秒鐘，尺寸則約有數公分以上。流星的亮度不僅取決於尺寸和質量，也會受到撞擊角度和入射速度，還有物質的成分和密度等因素的影響，因此光靠亮度和持續時間，很難正確推論出尺寸。

不過，在大氣中沒有燃燒殆盡，一路來到地面的恐怖火流星，在抵達地面的時刻，就會改稱為「隕石」。那麼，每晚都會出現的火流星之中，有多少比例會變成隕石呢？若僅限於日本可見的火流星，頻率約是每月最多一次，換句話說，平均值是每年數次。在地球繞著太陽公轉的太空空間當中，體積愈小的塵埃，數量愈多；而體積愈大，數量則急遽減少。粗略來說，若是高爾夫球至棒球般大小的塵埃，就有可能成為隕石，雖然這也會受入射路徑等因素影響。而這些隕石並不是全部都能找回來，在日本上空看見的巨大火流星，依循它的路徑，會發現幾乎都掉落在日本海或太平洋等日本周遭的海洋；假使真的掉落在日本列島某處的地面，要找出來也並不是容易的事。

在大氣層外，還存在著大量的太空垃圾，包括已無法在軌道上穩定受控制的人造衛星，還有火箭碎片等。而且，當太空人從國際太空站上，或是從前的太空梭等載人太空船返回地球之際，假使接觸地球的入射角度太大，返航的太空載具會因為跟大氣摩擦而燃燒殆盡。另一方面，若入射角太小，則會被大氣彈開，永遠無法返回地球。如此一來，太陽系中能夠變成火流星的物質，依據切入地球的路徑不同，是會抵達地面，還是會在大氣中燃燒完畢，命運各不相同，因此即使物質大小相等，是否變成隕石，也要看運氣了。

留意太空墜落物

話雖如此，像科幻電影中的巨石（monolith）那般從天而降的物體，只有「恐怖」可言。有多少人是被隕石砸中而不幸死去的呢？每隔幾年，總會傳出有人在非洲或南美洲等地因隕石死亡的新聞。但只要去查核，就會發現無法確認消息來源和真實性。縱觀人類漫長的歷史之中，並沒有可信的事實顯示，有人因隕石撞擊而死。

不過，也有隕石撞破住家屋頂、撞凹汽車引擎蓋的案例。例如二〇一八年九月二十六日的夜晚，就有隕石墜落到日本愛知縣小牧市的民房，在屋頂留下巨大凹痕，同時隔壁人家的車棚屋頂也被穿出孔洞。原來這顆隕石先碰到住家屋頂後，又撞破車棚的屋頂，才掉到地面，它就是「小牧隕石」，尺寸約十公分，重量約五百五十公克。隕石墜落在住宅或附近的情況較為罕見，但這樣的情形也通常能夠找到並回收隕石，算是運氣不錯。小牧隕石是日本自二〇〇三年在廣島市安佐南區回收廣島隕石後，睽違十五年再次確認到的「墜落隕石」（墜落當時有被觀測到的隕石；其他隕石則稱為「發現隕石」），是日本國內第五十二塊獲得確認的隕石。

那麼，全世界找到最多隕石的地方在哪裡呢？答案是南極大陸。南極大陸覆蓋著一整面的白色冰雪，所以上面如果出現石頭，極有可能就是隕石。因此，在日本擁有最多隕石的機構，既不是國立科學博物館、也非國立天文臺，而是在南極基地設有觀測站運作的極地研究所（位於東京都立川市）。另一方面，在跟南極大陸一樣沒有草木、石子，只覆蓋著細沙的沙漠地帶，也有可能撿到隕石。

隕石的類型大致上可以分成石隕石、石鐵隕石、鐵隕石（隕鐵）。地球上隕石類型的比例，大約為石隕石佔九五％，石鐵隕石佔一％、鐵隕石佔四％。目前已知，從太空墜落到地球的隕石，大部分都是小行星的碎片，其中也有源自月亮

日本近年的墜落隕石和發現隕石列表

年	名稱	發現地點	墜落／發現	重量（kg）	類型
1986年	國分寺隕石	香川縣高松市以及坂出市	墜落	約11.51	石隕石（球粒隕石）
1991年	田原隕石	愛知縣田原市	墜落	＞10	石隕石（球粒隕石）
1992年	美保關隕石	島根縣松江市	墜落	6.385	石隕石（球粒隕石）
1995年	根上隕石	石川縣能美市	墜落	約0.42	石隕石（球粒隕石）
1996年	筑波隕石	茨城縣筑波市、牛久市、土浦市	墜落	約0.8	石隕石（球粒隕石）
1997年	十和田隕石	青森縣十和田市	發現	0.054	石隕石（球粒隕石）
1999年	神戶隕石	兵庫縣神戶市北區	墜落	0.135	石隕石（球粒隕石）
2003年	廣島隕石	廣島縣廣島市安佐南區	墜落	0.414	石隕石（球粒隕石）
2012年	長良隕石	岐阜縣岐阜市長良	發現	6.5	鐵隕石
2018年	小牧隕石	愛知縣小牧市	墜落	約0.65	石隕石（球粒隕石）

＊製表時間為2019年2月27日

和火星的隕石。這些隕石挾帶著太陽系誕生初期的資訊，刻寫著太陽系的歷史，因此是了解太陽系誕生過程的重要研究對象。而且，隕石成分中還可能含有非常珍貴的礦物，所以在非洲的沙漠，還有隕石獵人以及相關的買賣交易。也就是說，人類不太需要害怕被隕石砸死，但是因為爭奪隕石而被殺害的情形，更可能發生在現實中。

02

小行星或彗星撞地球的話……

如果小天體衝撞地球

在太陽系之中，愈大型的天體，數量愈少，因此墜落到地面上的隕石數量和頻率也比較少，不過，我們絕不能掉以輕心。愈巨大的物體，破壞力就愈驚人，會引發駭人的事態。目前已知最大的隕石，是在納米比亞找到的霍巴隕石，重量約六十公噸，它是在一九二〇年，被耕田的農夫所發現的鐵隕石，推測是在大約八萬年前撞擊地球。

另一方面，當巨大隕石撞擊地球，衝擊的力道會在地面形成孔洞，也就是隕石坑。例如美國亞利桑那州的巴林傑隕石坑，便是直徑達一・二公里、深度達二百公尺的巨大凹穴。目前推測，在約五萬年前，有重達三十萬公噸的小天體以

全球巨大隕石前10名

發現年份	名稱	發現地點	總重量（公噸）	類型
①1920年	霍巴隕石	納米比亞	66	鐵隕石
②1969年	艾爾・查科隕石	阿根廷	37	鐵隕石
③1894年	阿尼希托隕石（Ahnighito）	格陵蘭	30.9	鐵隕石
④2016年	岡塞多隕石（Gancedo）	阿根廷	30.8	鐵隕石
⑤1898年	新疆隕石	新疆維吾爾自治區	約28	鐵隕石
⑥1863年	巴庫比利托隕石（Bacubirito）	墨西哥	22	鐵隕石
⑦1963年	阿格帕里利克隕石（Agpalilik）	格陵蘭	20	鐵隕石
⑧1930年	孟伯希隕石（Mbozi）	坦尚尼亞	約16	鐵隕石
⑨1902年	威拉姆特隕石（Willamette）	美國	15.5	鐵隕石
⑩1894年	庫巴德羅斯隕石（Chupaderos）	墨西哥	14.1和6（主要的兩塊）	鐵隕石

驚人速度衝撞地球，形成了這個隕石坑。站在隕石坑的邊緣想像這番衝擊，相信無論是誰都會覺得非常驚悚。假使現在運氣不好，有這樣的小天體撞進了人類密集生活的都市區域，那該會產生多大的災害呀。

我來自長野縣，有一位我很尊敬的動畫作家跟我同鄉，他就是新海誠導演。二〇一六年發行的動畫電影《你的名字》，光日本國內票房收入就已超過二五〇億日圓，並在四十多國上映，備受國內外好評。

《你的名字》是以少年少女交換靈魂、交錯的時間線為主題的戀愛動畫，它掀起了造訪動畫場景的「聖地巡禮」熱潮，立下了里程碑。另一方面，我則把這部動畫定位成啟發性的作品，它企圖讓人們明白，天體撞擊地球有可能會引發生存危機。在動畫中登場的提阿瑪特彗星雖是虛構的，但動畫尖銳且深刻的說明了其中的恐怖，以及人類迴避天體撞擊的必要性。在現實社會中，真有可能發生相同的事件嗎？

二〇一三年二月十五日早晨，一顆隕石墜落在俄羅斯烏拉爾聯邦區的車里雅賓斯克州，所幸無人死亡，但有大約一千五百人，都因隕石在大氣中爆炸所產生的暴風而受傷。小型的小行星衝進大氣層時所產生的衝擊波，造成了大量的建築物窗戶玻璃破裂。經計算，當時的墜落速度約為秒速十五公里，這樣的能量會使小行星在抵達地面之前就發生劇烈爆炸，分裂成細小的碎片掉到地面，形成無數顆隕石。根據推估，它在衝入地球大氣層之前，直徑約為二十公尺、重量約十公噸左右。

目前已確認太陽系內有將近一百萬顆小行星，另外還有為數眾多、冰體成分偏高的小天體——彗星。在主小行星帶內最大顆的小行星是穀神星，它也被稱為矮行星，直徑九百三十九公里；小一點的，如日本小行星探測器隼鳥2號所造訪過的龍宮小行星，直徑一千零四公尺；隼鳥號造訪過的糸川小行星則又更小，較長的部分為五百三十五公尺。體積愈小的小行星，數量愈多，但從地球上觀測位於火星和木星間的主小行星時，只有直徑達數公里以上的天體，才會被人們找到。幾乎所有小行星都位於主小行星帶，但其中也有一些以奇特軌道運行的小行星。我們已知，有許多小行星很靠近地球，例如會跟地球軌道交會的阿波羅型小行星（Apollo asteroid）、阿登型小行星（Aten asteroid）等。糸川和龍宮就屬於阿

主要小行星的尺寸比較（最長徑）

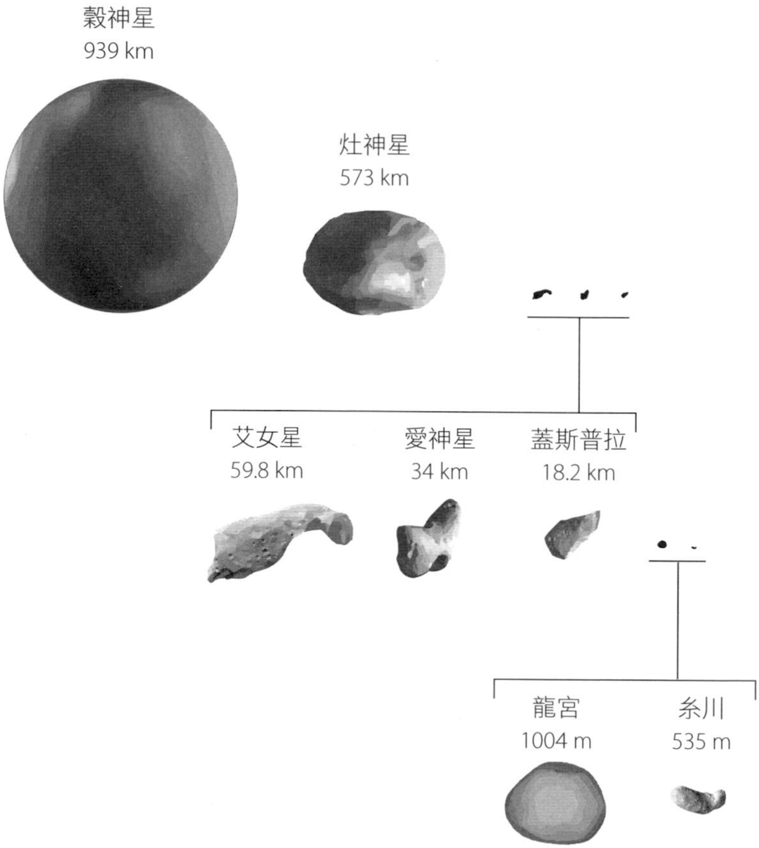

波羅型小行星，雖然體積很小，但位置接近地球，因此人們很幸運能夠發現。不過如果運氣不佳，它們都有可能會撞擊地球。

再來談彗星，當彗星靠近太陽，有時候冰會因熱度而融化，而在天空上拖曳出長長的尾巴。回歸週期約七十五年，名聲響叮噹的哈雷彗星，尺寸為八公里×八公里×十六公里，它的形狀很像馬鈴薯；在一九九七年接近太陽，近二十年來最壯觀的海爾－博普彗星，估計直徑有五十公里左右。

彗星的平均直徑約十公里，屬於小型天體，但就如《你的名字》中描繪的那般，即使只是數十公尺程度的碎片，仍然可能形成巨大的隕石坑。

那麼，這種危險的小行星和彗星，發生碰撞的頻率如何、有多可怕呢？

六千六百萬年前，在墨西哥的猶加敦半島，曾發生直徑約十公里的小天體撞擊，造成了地球上包含恐龍在內超過七五%的物種滅絕。有一個推測是，這類直徑超過十公里、伴隨著大滅絕危機的小行星及彗星，撞擊頻率為五千萬年一次，公認是可輕易毀滅人類的最可怕天文現象（原註：目前也有天文學家提出，太陽閃焰的發生頻率比較高，更加可怕）。

地球防衛軍的使命

靠近地球的小行星，也稱為近地天體（NEO，Near-Earth Object）。太陽系從誕生到現在，總是反覆發生天體之間的撞擊，但頻率已經漸漸減少，大型天體之間幾乎不再發生撞擊。不過，仍有眾多直徑十公里左右的天體——也就是六千六百萬年前，將恐龍逼上絕路的小行星或彗星——會來到地球附近。人類很幸運的，至今不曾經歷過大型天體撞擊事件，但自從一九九四年舒梅克－李維9號彗星衝撞木星之後，就如許多地球危機電影，《世界末日》、《彗星撞地球》等描述的，這是地球不遠的將來可能會發生的情況。

當前，國際之間正協力尋找、監測有可能撞擊地球的小行星、彗星等近地天體，在日本擔綱這項工作的，包括宇宙航空研究開發機構（JAXA）的專責部門、日本宇宙論壇（JSF），還有NPO法人日本太空警衛協會等處。位於岡山縣井原市美星町的近地小行星觀測設施「美星太空警衛中心」正持續觀測當中，這樣的工作稱為「行星防禦」。

在國際上，美國、俄羅斯、歐洲也都熱切投入行星防禦，美國的帕洛馬山天文臺更發現了大量的彗星和近地小行星。目前國際上有著各式各樣的巡天計畫，相繼找出了許多彗星和小行星。

那麼，當我們發現了即將撞擊地球的天體，在現實中應該如何迴避呢？若是像彗星或小行星這樣的小天體，只要是在距離地球很遙遠的位置就已發現它，那麼只需要稍微改變天體的軌道，就能迴避撞擊，為此，人們正探討各式各樣的方法。無論如何，要透過大型火箭改變小天體的軌道，就需要將太陽能電池、火箭引擎或炸彈等輸送到天體上；但是如果天體已經離地球太近，那很遺憾的，我們將束手無策。所以行星防禦肩負重任，守護著人類的繁榮與生活。順帶一提，小天體撞擊地球導致人類死亡的機率，在從前會說跟搭飛機意外死亡的機率幾乎相等；不過飛機的安全性逐年提升，而地球卻無法排除天體撞擊危機的到來。視天體的大小，以及人類的應對是否完善而定，到時候人類也可能面臨滅亡時刻。

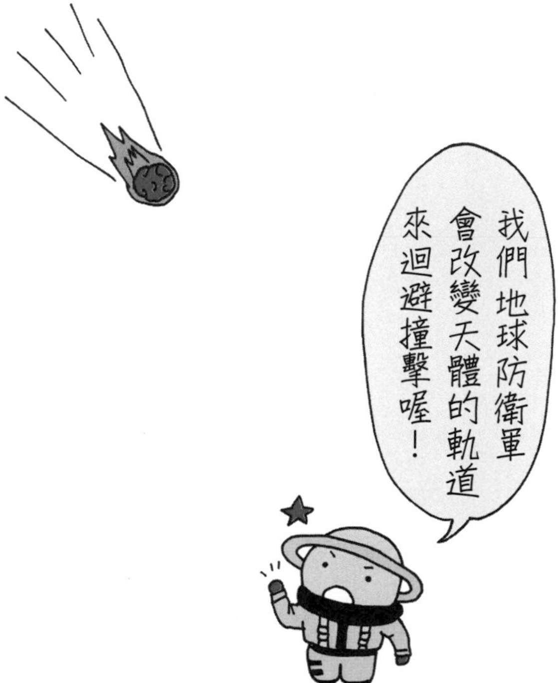
我們地球防衛軍
會改變天體的軌道
來迴避撞擊喔！

03

太空垃圾紛紛墜下的日子

嚴重的外太空垃圾問題

一九五七年，前蘇聯（蘇維埃聯邦）發射了全球第一架人造衛星「史普尼克1號」。地球上的生命從海洋演化到陸地、從陸地演化到空中，終於太空也納入了活動範圍。人類首次前往外太空是在一九六一年，來自蘇聯的太空人尤里·加加林，駕駛太空載具「東方1號」，花了一小時五十分鐘的時間在地球大氣層外繞行一圈，平安歸來，留下「地球是藍色的」這句話。

尤里·加加林（1934~1968）

被太空垃圾包圍的地球

留下名言的太空人不只加加林。一九六九年七月二十一日，首度在月球表面行走的太空人是「阿波羅11號」的指令長，尼爾．阿姆斯壯，他在踏上月球表面時說了「我的一小步，是人類的一大步」這句名言。

尼爾．阿姆斯壯（1930~2012）

不過，人類在開發太空的過程中所留下的，並不只有名言和傑出成就。自從前蘇聯發射史普尼克1號起，至今人類已經發射超過六千枚火箭，每一次都在外太空製造了大量的火箭碎片、退役的人造衛星及其碎片，還有太空人在太空漫步後忘記帶走的攝影機、螺絲零件等等，換句話說，就是太空垃圾。大部分的太空垃圾在進入大氣層後會燃燒殆盡，但是，據說現今太空中仍有超過四千五百公噸的垃圾。

人類自食太空垃圾惡果

大家看過《地心引力》這部電影嗎？這是二〇一三年上映，由珊卓・布拉克所主演的科幻電影。電影內容描繪著，俄羅斯在破壞自家的廢棄人造衛星時，發生連鎖反應，導致其他人造衛星也遭到破壞，在「凱斯勒現象★」下，太空垃圾增長擴散，導致太空人難以返回地球。劇情雖經過誇張渲染，但太空垃圾的恐怖絕非只是虛構的故事。二十一世紀，是一個地球大氣層外頭（也就是外太空）總有人待著的時代。

★編註：凱斯勒現象是一種假設，指的是太空垃圾的碰撞會產生更多碎片，而持續發生碰撞，惡性循環下，產生更多更密集的垃圾。

國際太空站是由美國、俄羅斯、日本、加拿大、歐盟等國合作使用的設施，自一九九八年啟用，位於距地面四百公里的上空，約每九十分鐘繞行地球一圈。換句話說，從一九九八年以來，外太空一直都有人在。宇宙中的威脅不僅止於巨大閃焰和超級閃焰，對於在太空中度日的人而言，微小隕石和太空垃圾都是會奪取性命的危險物體。

另外，繞地球運行的人造衛星數量將近八千枚，就算扣除已經在地面上回收和墜入大氣層的部分，尚在軌道上的衛星，仍多達四千四百多枚。雖說這些人造衛星都掌控了正確的軌道，會避免在運作時互撞，但過去其實發生過人造衛星相撞，飛散出大量碎片的狀況。無論是載人飛行的載具或是無人的人造衛星，在執行任務過程中最害怕的，就是太空垃圾。

JAXA的「追蹤網路技術中心」負責發現並監測近地天體；而岡山縣井原市美星町的「美星太空警衛中心」，目標是及早發現有機會撞擊地球的小行星、彗星；另外同樣在岡山縣的「上齋原太空警衛中心」，則監視著另一種也會從天而降的危險物體：太空垃圾。近期平均每年都有數百個碎片類、數十個火箭機身，還有約十部運作完畢的人造衛星闖進大氣層。人造衛星再次進入大氣層時，幾乎都會燃燒殆盡，但假如機身的部件使用了抗燃材質，或者體積很大等等，沒燒完的殘骸就可能會墜落到地面或海上，因此危險的可不只有太空人。地表上的任何一個人，都有些許可能會因掉落的太空垃圾而受害。

太空垃圾是在地球大氣層外的太空中失去控制的人造物體。一般在發射人造衛星時，都會按照國際協議，極力減少人造衛星失控的情況，或使用在撞擊時容易分解的材料，抑或是在使用完畢後將燃料全數丟棄，以確保過一段時間後不會爆炸等等。此外，不斷發射衛星，等於使外太空的空間愈來愈狹窄，由於衛星之間可能相撞，因此不只是自己國家發射的人造衛星，還有必要充分掌握其他國家人造衛星的軌道；如果可能相撞，便要稍微移動人造衛星的軌道，努力降低互撞的機會，目前國際上尚未建立回收太空垃圾的技術。

04 太陽射線很可怕

太陽母親兇暴的一面

對於居住在太陽系第三個行星——地球的人類而言，太陽是我們最熟悉且最重要的天體。如「太陽像母親一樣」這個說法，太陽為我們帶來地面生命活動所需的能源，是不可或缺的角色。隨著太陽研究的進展，我們已知太陽因具有龐大能量而彌足珍貴；但在另一層面上，對本世紀計畫往返太空的人類而言，太陽也極為兇暴，是難以應付的對手。

太陽閃焰引起戴林傑效應

太陽的直徑為地球的一〇九倍，質量為地球的三十三萬倍，主成分是一團

太陽閃焰

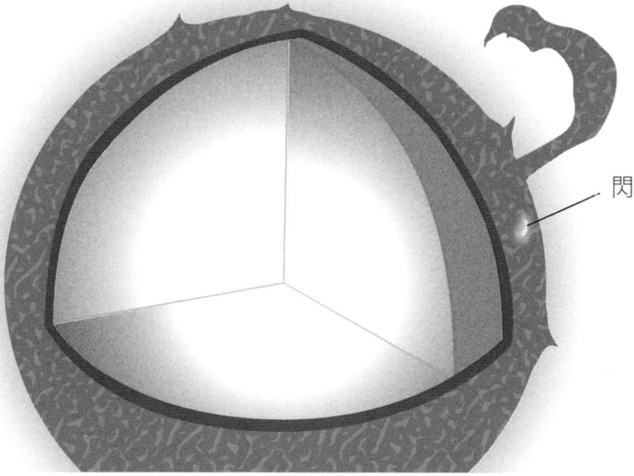

巨大的氫氣，核心部分的溫度超過一千五百萬度，隨時都在發生氫的核融合反應。核心所產生的龐大能量，會透過輻射和對流，經歷長時間逐漸傳到太陽表面，但是太陽表面的磁力，卻會妨礙能量的流動行進。太陽自轉會產生強大的磁力，溫度大約六千度的太陽表面，受到強烈磁場的影響，阻斷了來自太陽核心的能量流動，導致某些區塊溫度變得比周圍低，這個位置就是太陽黑子。而在黑子位置所蓄積的能量，有時會一瞬間釋放出來，形成閃焰。閃焰是太陽表面附近的大氣中所蓄積的能量，因磁力線重新連接（磁重聯）所釋放出來的現象。

發生閃焰後，強大的能量流會釋放到太空，有時會朝著地球而來。閃焰發生後約八分鐘，首先有強烈的電磁波（尤其是X射線）抵達地球。包含可見光在內的所有電磁波，在真空中都能以每秒三十萬公里的速度行進，因此以太陽－地球之間約一億五千萬公里的距離，只要八分十九秒就能抵達。當強烈電磁波抵達地球大氣層中的電離層，會使電離層的狀態陷入混亂，導致透過短波進行的長距離電波通訊失去效用，這稱為「戴林傑效應」。因此，必須未雨綢繆，二十四小時即時監測太陽，在觀測到閃焰朝地球噴發的同時發布警報。

造成大停電、股市停擺的磁暴

閃焰發生過後數天，將有強烈的太陽風傳到地球。太陽風是由帶電粒子（質子與氦原子核）組成，這些就是所謂的放射線。氦原子核會釋放 α 射線，β 射線是電子或正電子，另外，波長最短的電磁波則是 γ 射線。這些射線當中，屬於粒子的質子和氦原子核等會形成秒速數百公里的高速太陽風，衝向地球。地球的周圍有著地球磁場（地磁），在一般狀態下可防止太陽風直接闖入，但若是伴隨太陽閃焰而噴發出的高速太陽風，粒子數量極高，光靠地磁也無法把它完全隔絕在外，於是地球磁場會因而大亂，產生磁暴。混亂的地磁在高空中會猛烈刺激極光，因此人們在極區會觀察到極光副暴。在這個情況下，地面上可能會有感應電流混進電線裡，造成電力系統混亂，若輸電網路遭到破壞，就會發生停電。

歷史紀錄上最大的一場磁暴，發生在一九五九年九月一日。當時最頂尖的有線通訊技術線路，受到磁暴干擾而電流過載，導致位於末端的通信處發生火災；而極區出現了無比明亮的極光，根據紀錄，這是在晚間的野外還足以閱讀報紙的光亮程度。

一九八九年三月，在加拿大魁北克省則發生過大停電。有多達約六百萬人，在九小時中處於無電可用的狀態。當時的災害損失總額，估計大約臺幣數十億；一九八九年八月的磁暴引發停電，則導致加拿大多倫多的股票市場停止交易。假如史上最大規模的太陽閃焰直擊地球，而且以歐美等高緯度地區為中心，預測將產生大約臺幣七兆的損害。這個金額比東日本大地震時日本的經濟損失還要高。

形成極光

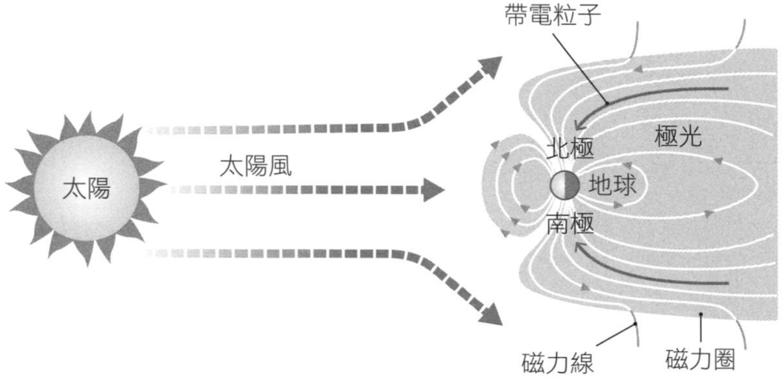

若太陽閃焰噴發，來自太陽的大量放射線會抵達地球，對大氣和地面造成影響，有釀成災害的風險。而更令人擔心的，是位於國際太空站內的太空人和人造衛星，他們位於地球磁層的外側，沒有天然磁力屏障可保護。因此，近年來太空天氣預報的重要性日益升高。

太空天氣預報

所謂太空天氣預報，就是詳細觀測太陽表面的異常現象，例如太陽閃焰噴發，並且及早將資訊提供給相關人士。為了避免生活在國際太空站的太空人曝露在放射線中，得讓他們撤退到太空站內的安全地點；而為了防止提供社會基礎需求的氣象衛星、通訊衛星發生故障，就必須操作裝置來改變衛星的朝向。假使太空人在船艙外活動時，運氣不佳，發生了大型太陽閃焰，他們將可能承受超過四西弗的輻射量，這是致死劑量，非常危險。另外，為了避免地面上的發電系統停擺，也須採取預防措施，例如事先減少送電量等等。因此世界各國都在進行太空天氣預報的研究，在日本是由總部位於東京都小金井市的「情報通信研究機構」（NICT）負責執行這項業務。

太空天氣預報，會從地面上使用各種不同的太陽專用望遠鏡來監測太陽，此外，太空望遠鏡同樣不可或缺。尤其一九九五年NASA（美國太空總署）和ESA（歐洲太空總署）的合作計畫中所發射的「太陽和日磁層探測衛星」（SOHO），便負責常態性監測太陽表面，在許多磁暴的預報上幫了大忙。

入侵地球磁層的太陽風，雖然肉眼看不見，但如果前往南北極附近的高緯度地區，就能藉由極光目睹它活動的樣態。跟日全食或流星雨不相上下、令許多天文迷深深沉醉的極光，事實上並不是在外太空產生的現象，而是地球大氣內部的發光現象。

包括太陽在內，從外太空射向我們的放射線（帶電粒子）幾乎都會被地磁阻擋下來，無法抵達地面；不過，在地磁北極和南極的附近，是磁力線的匯聚之處，而放射線具有沿磁力線前進的性質，因此放射線有機會從極點入侵到地球大氣層內，此時的地球極區，會發生高層大氣的發光現象，這就是極光。進一步來說，放射線沿著地球的磁力線落向地球，撞擊高層大氣的空氣粒子，使空氣粒子帶有能量而發光。

依據放射線類型跟地球大氣的粒子種類，會釋放出從X射線到紅外線等各種波長的光。我們在地球上所見到的極光，主要成因是電子撞擊大氣而發光，由氧原子所發出的紅色和綠色光芒，明亮而閃耀；如果是從地球外側觀察，會發現極光是環繞著磁極呈環狀出現，這個環稱為極光橢圓區。除了地球之外，在木星、土星、天王星、海王星等具有磁場的天體上，都可以觀察到極光。

05 超級閃焰把未來燃燒殆盡？

超巨大閃焰

太陽表面發生的閃焰，規模大小不等。其中最令人懼怕的，就是所謂的「超級閃焰」，是指超級巨大的閃焰，它的能量，高達目前在太陽上所觀測到最大層級閃焰的十倍以上。近年來並未出現這樣的大規模閃焰，但是人們害怕未來會發生。甚至有預測認為，比現今觀測到最大閃焰（頻率是十年一次或不會出現）一萬倍程度的超級閃焰，發生頻率應為每一萬至十萬年一次。

到最近為止，都只有活動不穩定或年輕的恆星曾經發生超級閃焰。大多天文學家認為，像太陽這樣四十六億年來都持續穩定發生氫核融合反應的恆星（主序星），應該不會出現超級閃焰才對。

不過，二〇〇九年由ＮＡＳＡ所發射，目標是探勘太陽系外行星的克卜勒太空望遠鏡，它所獲得的龐大觀測數據，卻顛覆了人們原有的常識。透過克卜勒的觀測數據，在詳細調查八萬顆近似太陽的恆星的「光變數據」之後，發現到有一百四十八顆恆星，總計發生過三百六十五次的超級閃焰。

另一方面，根據ＥＳＡ的恆星測繪衛星「蓋亞」的觀測數據，在詳細分析跟太陽同類型恆星所發生過的四十三次超級閃焰之後，結果也顯示，像太陽般正值壯年期的恆星，確實不像年輕恆星那樣容易發生超級閃焰，但仍有極少數的機會。相對於年輕恆星每週都會發生超級閃焰，壯年期恆星則是大約數千年發生一次超級閃焰。規模愈大的閃焰，發生頻率就低，因此再更強大的超級閃焰，發生頻率大概是數萬年一次。目前專家的意見漸趨一致，即使是太陽，我們也不排除會發生超級閃焰。

衝擊電子通訊的後果

在二十世紀末發生數位革命之前，就算太陽發生小規模的超級閃焰，我們可

超級閃焰引發的損害

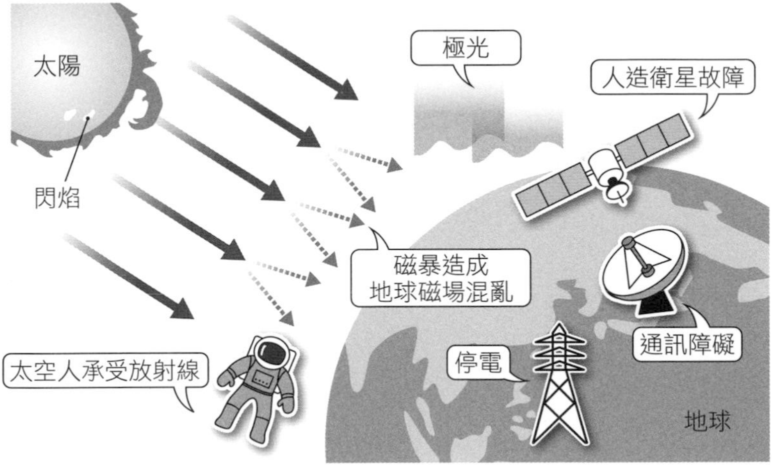

能也只會目擊到壯觀的極光副暴，不會釀成什麼大問題。不過，現在的時代，生活上可是少不了各種電子儀器和通訊技術，超級閃焰的影響，相信將帶來嚴重的損害。超級閃焰的規模是人類所經歷過最大太陽閃焰的千倍程度，如果真的發生，雖然地面上所承受的放射線不到致命程度，但若有人位在飛機上，則會曝露在嚴重的輻射當中，因為愈靠近高空，輻射量就愈強。未來太陽如果發生了數千年一次的超級閃焰，直擊地球，將會演變成前所未見的巨大災害。也有科學家發出警告，比起遭受巨大隕石撞擊，超級閃焰的死亡機率還比較高。

進入二十一世紀後，國際太空站一直都在運作；換句話說，我們進入了外太空總是有人的時代。在人類登月五十週年的二〇一九年，美國政府計畫在二〇二〇年代送人類重新踏上月球表面，並且目標在二〇三〇年代成功載人前往火星。正因身處這樣的時代，了解太陽、監測及預報太陽活動（太空天氣預報）更顯得舉足輕重。

06 來自太陽的日常性威脅

太陽輻射威脅

來自太陽的威脅，不只有放射線和超級閃焰。我們的日常中，早已曝露在太陽的猛勢之下，也就是太陽輻射，尤其是紫外線的威脅。讓我們再整理一次會從太陽來到地球的物質：太陽輻射（電磁波）、太陽風（電漿流＝帶電粒子＝放射線），還有本書所不會提到的太陽微中子等等。

電磁波是個總稱，包含許多不同波長的波，由長至短排序，包括無線電波、紅外線、可見光、紫外線、X射線、加馬射線（γ射線）。，我們能用眼睛感覺到的電磁波，就是可見光。請注意，波長愈短者帶有愈高的能量。除了部分無線電波和可見光之外，幾乎所有來自太陽的電磁波，都會被地球的大氣吸收或散

大氣窗

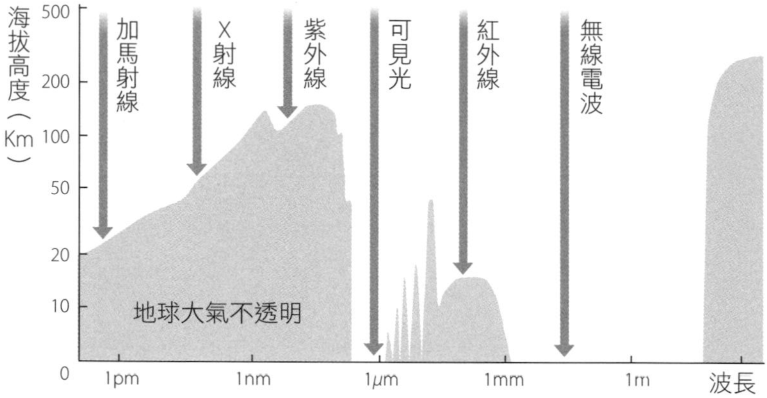

橫軸是波長，縱軸是海拔高度，箭頭表示電磁波可能抵達的高度。
在■區塊內，電磁波不會抵達地面。

射，僅有些許會抵達地表，這個現象叫做大氣窗（Atmospheric Window）。

太陽輻射出從加馬射線到無線電波範圍的所有電磁波，但其中很容易穿透的光是可見光，或許是這個原因，人類的眼睛演化成了能夠捕捉可見光，其中對綠色最為敏感。當光通過地球的大氣窗抵達地面，有一部分的光會將照到的位置加熱，轉換成熱能；照射到雲上的光，也會被水蒸氣所吸收和反射。如此一來，太陽能量被地表和大氣用來加溫，產生了大氣循環、降雨，以及海流；此外，陽光的能量還會用於植物的光合作用，和

電磁波的成分

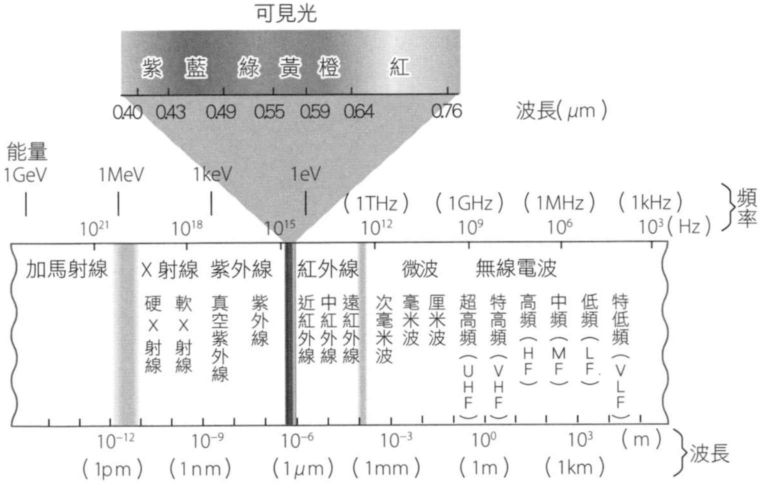

動物的成長上，太陽就如母親一般。

紫外線不容小覷

眼睛可見的太陽光，在彩虹中會分解成七種顏色，從紅色到紫色，波長由長至短，折射率由低至高，所以大氣中的雨珠可做為稜鏡，分解光線，形成亮麗的彩虹。雖然眼睛看不見，其實在紅色外側還有著波長更長的紅外線，在紫色外側則有波長更短的紫外線。波長接近可見光的紅外線和紫外線，雖然會被大氣窗減光，其實還是有一部分可抵達地面。

紅外線也叫做熱線，能夠加溫地

球；紫外線則很危險，大家可能有被夏天強烈紫外線晒傷的經驗。在海濱或游泳池晒傷，對美容和健康都是大敵，但最危險的，則是在大氣量較少的高山上，曝露在紫外線中。

來自太陽的紫外線，會被地球的大氣窗所吸收，僅有二％左右會抵達地表；不過在大氣稀薄的高山，會沐浴在大量的紫外線下，因此必須充分塗抹防晒乳。

假如來自太陽的紫外線沒被大氣吸收，全部都到達了地表，我們的肌膚可能在短短數秒間就會被烤爛；事情還沒完，紫外線的強大能量，還會破壞地表全數生物的ＤＮＡ。確實，在上古時期的地球，陸地上曾經完全沒有生物，因為紫外線的力量實在駭人。生物之所以能夠來到陸地上，沒錯，都得感謝海中植物打造出了地球的另一層屏障——臭氧層。

人類破壞的臭氧層如何修復？

臭氧層指的是在地球大氣高度約二十公里附近，存在一層微量的臭氧（由三顆氧原子組成的分子）。來自太陽的紫外線，大部分都會被臭氧層所吸收，因此對生物有害的紫外線，幾乎都無法抵達地表；但在四十六億年前，剛剛誕生的原始地球並不具有臭氧層。另一方面，由於水可吸收臭氧，在約三十八億年前誕生的地球生命，才因此能在安全的海洋中率先演化、發展。海洋中的植物性浮游生物，如矽藻，會行光合作用產生氧氣，它們增殖之後，氧含量在水中達到飽和，於是，過多的氧逐漸排向大氣裡；然後，來自太陽的紫外線跟氧反應，形成了臭氧層。因為有臭氧層的出現，地表上的生命才有了誕生和演化的機會。

長年以來，大氣中的臭氧濃度，因紫外線作用的生成和破壞，維持著平衡狀態。但近幾十年卻發現，在南極上空，臭氧層遭大量破壞而產生了臭氧層空洞。推測這是人類大量使用的氟氯碳化物、海龍（Halon）類物質，抵達平流層後，成為了破壞臭氧的「觸媒」。臭氧層的破壞，導致人們晒傷和皮膚癌的增加。

一九八七年，國際社會同心協力，決定減少及禁止使用這些會破壞臭氧層的物質，簽訂《蒙特婁議定書》。其後經由國際合作、跨越國境的努力，全球共有一百九十七國批准通過；時至今日，已可觀察到臭氧層空洞正在縮小。不過，在未來，臭氧說不定仍會因人類的短淺目光而再度減少。

另一方面，大氣中二氧化碳的增加所引發的全球暖化，已經釀成極為嚴重的事態，人類正迎向試煉的時刻，必須如當年簽訂《蒙特婁議定書》那般，展現出超越國界的睿智。

07 真的有火星人嗎？

令人恐懼的天文現象

在歷史上，曾有為數眾多的天文現象和天體，使人類深陷不安與恐懼。發生日全食時，在大白天裡太陽會突然消失得無影無蹤，使黑夜瞬間降臨。在沒辦法預報日食的時代，不認識日食現象的人們，是用多麼害怕的心情，望著逐漸缺角的太陽呢？在日本，「天照大神藏身到天岩戶」是《古事記》、《日本書紀》中皆有記載的著名故事。天照大神是日本的太陽神，不用懷疑，這應是古人把看到日全食的恐怖經歷創作為故事，並一路傳承下來。同樣的神話，也就是太陽神隱匿行蹤的故事，在中國、蒙古、泰國、印尼、土耳其等許多國家皆有流傳。

黑夜中突然出現，在天空拖著長長尾巴的彗星，同樣也帶給人們恐懼。有許多國家和民族，自古就把彗星視為不吉利的預兆。在西元前一百年前後的中國（西漢時代），曾細膩觀察彗星的尾巴形狀，運用在占星術中，藉以占卜國家的命運。在德國《紐倫堡編年史》的內容中，記述了哈雷彗星最早現身在西曆六八四年：「在這顆彗星出現的那一年，降下大雨，雷電持續長達三個月。在這期間，有許多人和羊群死亡，田地作物乾涸枯萎。此外還接連發生日食和月食，令人們感到不安和恐懼。」由此可看出，當時人們認為彗星在德國引發了各種災難。在歐洲，彗星似乎經常被視為神的啟示。

發出詭異光芒的紅色行星

有一顆鄰近我們的天體，也像日食和彗星一樣，自古就造成人們的不安——火星。來聽聽英國作曲家霍爾斯特著名《行星組曲》之中的〈火星〉。霍爾斯特在一九一四年寫下這個樂章，取名為〈火星：戰爭使者〉，旋律讓人感覺像置身在戰場中，使內心引發不安。

為何火星的英文（Mars）會以神話中的戰神馬斯來取名呢？正是因為，每隔兩年兩個月會現身在天空中，發出詭異光芒的這顆紅色行星，令古人聯想到了戰火和血腥。火星是太陽系的第四顆行星，就在地球往外一些的地方繞著太陽公轉。幾乎所有行星的軌道，都是接近正圓的橢圓形；而唯獨水星和火星，運行軌道是更加明顯的橢圓形。換句話說，它們跟太陽的距離會時近時遠。在這樣的情況下，若從地球觀察火星，每隔兩年兩個月，火星會繞行到跟太陽不同方位的另一側，也就是會在夜晚現身，大放光明。依當下靠近的位置，地球－火星的距離，會從五千六百萬公里（最近，稱為大接近）到一億多公里（最遠）之間變動。眼睛所見的亮度，同樣會隨距離而變化，因此在火星大接近之際，火星呈現又紅又亮、甚至令人毛骨悚然的情況，人們因而害怕爆發大型戰爭或災厄。

人們自古以來即對火星懷有恐懼，其中也潛藏著一股不安，是擔心火星上住著火星人，或許有一天會攻向地球。且讓我來介紹一個跟火星人有關的故事。在十九世紀末聲名大噪的美國人帕西瓦爾・羅威爾，他是資產階級出身，當時他得知火星表面找到「運河」的錯誤消息，自此就對火星深深著迷。當時，在義大利闖蕩的天文學家斯基亞帕雷利畫下了細緻的火星素描，並以義大利語的意思為水道的canale一詞，來稱呼畫作中的數條直線狀構造，而這個詞彙被錯譯成英語中的canal（運河），傳開之後，使羅威爾誤信火星上住著有能力建造運河的高等生物（也就是火星人），於是他投注個人財產，在亞利桑那州的旗桿市（Flagstaff）建造了私人天文臺，埋頭觀測火星。其後，羅威爾留下了眾多天文觀測的素描。如今我們已經清楚知道，火星表面並沒有運河或筆直的水道，但當年這個消息曾深深影響世間。

帕西瓦爾·羅威爾（1855~1916）

喬凡尼·斯基亞帕雷利（1835~1910）

令人驚訝的，距今約一百年前羅威爾所處的時代，許多人都相信火星上住著火星人。受到羅威爾的火星運河說影響，英國科幻作家H.G.威爾斯在一八九八年發表了《世界大戰》（*The War of the Worlds*）這部科幻小說，描繪著具有比地球人更高度文明、章魚外型的火星人（大家都很熟悉的）跑來攻打地球。四十年

羅威爾的火星素描

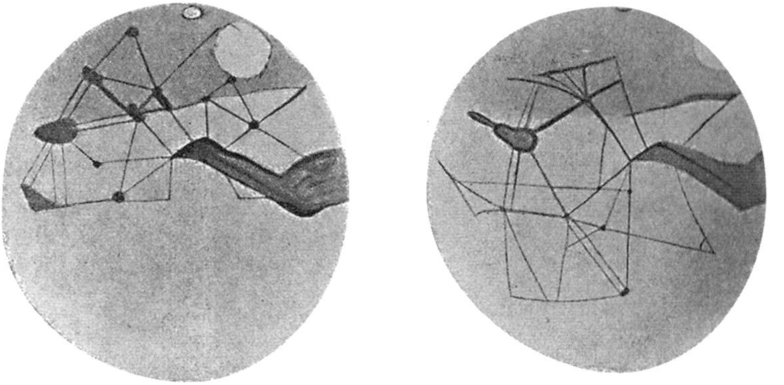

後，在美國，由知名演員奧森·威爾斯以廣播劇的形式播送這部作品。一九三八年十月三十日，這部廣播劇在萬聖節前一晚播出，劇情設定成火星人跑來攻打美國，雖然已經數度說明「這是虛構的戲劇」，卻仍在全美引發了大恐慌。

火星上有生命嗎？

時代變遷，二十世紀後葉，進入人造衛星、太空探測器的時代後，接二連三的探測器都把火星當做目標。一九六四年發射的探測器水手4號，助全球首次成功拍下火星的模樣。當水手4號將火星表面的照片傳回地球，運河自然不用提，那裡根本完全沒有生物活動的氣息。經過詳細探測後發現，火星的大氣是地球的1/170，平均氣溫也只有零下二十三度，壓根不是大型動物能夠生存的環境。靠著這類火星探測衛星傳來的影像和資訊，我們逐漸明白到，火星並不是智慧生物得以存在的環境，別說火星人了，就連目所能視的生命體都不存在。關於火星上有沒有生命，以及過去是否有過生命的爭論，目前尚未得出確切答案。不過事實上，向來總會有一群人如過往的羅威爾那般，夢想著火星上有著生命活動。

火星看起來紅紅的，是因為表面覆蓋著鐵鏽色物質，也就是氧化鐵的砂土；地軸傾斜二十五度，因此像地球一樣有四季變化；大氣裡幾乎都是二氧化碳。上古時候的火星曾經覆蓋著平靜的海洋，推測是生命容易誕生的環境；然而，今日的火星卻是寒冷的沙漠行星。即使如此，在太陽系的八大行星中，仍舊是火星的環境跟地球最為相似；現階段在火星上還沒有找到生命，但不排除可能性。總之，截至目前的觀測和探測結果，很明顯並沒有火星人那類的智慧生物。

火星旅行危機重重，但仍是目標

日本的JAXA計畫在二〇二〇年代推動「火星衛星探測計畫」（MMX），以探測器採集火衛一的樣本後返回地球。若速度夠快，或許在二〇三〇年代，人類就能在火星留下足跡。仰望夜空，跟月亮相比，火星看起來簡直小到不行，為何此刻人類會試圖前往比月亮遠了一百五十多倍的地方呢？

從一九六〇年以來，人類共計發射了四十六臺火星探測器。其中有六臺發射失敗（一九六〇～一九七一年）、十五臺行蹤不明，將近一半都以失敗告終。成功的以美國、蘇聯（俄羅斯）為主，共計二十三臺，其中項目包括：四臺探測車（Rover）、五臺著陸器（Lander）、十一臺軌道器（Orbiter，不著陸的類型）、三臺飛掠器（Fly-by，不在周圍繞行，只從附近通過的形式）。日本在一九九八年也曾發射火星探測器「希望號」，試圖調查火星的大氣，但很遺憾未能進入火星軌道。即使在今日，要前往火星也絕非易事。

根據NASA好奇號火星探測車等對火星的探索，目前已知上古的火星曾經覆蓋著平穩的海洋，是生命能夠誕生的環境。火星這顆質量較小的行星，演化的速度可以說比地球還要快，所以科學家不僅想要了解火星的歷史，也要藉此預測地球的未來，火星載人探測任務實在是舉足輕重。雖說如此，前往火星的路途，光是單程也得花費超過兩年。究竟該派活生生的人類前往，或是應該仰賴AI（人工智慧）和機器人？我覺得需要在國際間，就「地球上的生命在遙遠未來，應該朝著太空發展到什麼地步」的角度來討論。

火星旅程最棘手的難題，在於太空輻射。除了要提防太陽閃焰送出的高速太陽風，來自遙遠恆星的宇宙射線，同樣會抵達太陽系內，若人體長時間曝露其中，將可能受傷害。另外，在密閉空間內該如何維持人類心理健康和適當的溝通能力，同樣是一項課題。現今有好幾位太空人，包括停留在國際太空站等處，已經待在太空中不只兩年了。不過，身處高度四百公里的國際太空站，故鄉地球其實就近在眼前，就算發生了什麼狀況，也能馬上使用緊急逃生艙返回地球，而那距離地球數千萬公里之遙的孤獨旅程，在心理上的壓力才真是無可比擬。

主要的火星探測器①

	探測器名稱	發射日期（世界時）	發射國家	類型
1	水手4號	1964年11月28日	美國	飛掠器
2	水手6號	1969年2月25日	美國	飛掠器
3	水手7號	1969年3月27日	美國	飛掠器
4	火星2號	1971年5月19日	前蘇聯	軌道器
5	火星3號	1971年5月28日	前蘇聯	著陸器
6	水手9號	1971年5月30日	美國	軌道器
7	火星5號	1973年7月25日	前蘇聯	軌道器
8	維京1號	1975年8月20日	美國	著陸器
9	維京2號	1975年9月9日	美國	著陸器
10	弗伯斯2號	1988年7月12日	前蘇聯	軌道器
11	火星全球測量者號	1996年11月7日	美國	軌道器
12	火星拓荒者號	1996年12月4日	美國	探測車

主要的火星探測器②

	探測器名稱	發射日期（世界時）	發射國家	類型
13	2001火星奧德賽號	2001年4月8日	美國	軌道器
14	火星特快車	2003年6月2日	歐洲	軌道器
15	火星探測車（1號機：精神號）	2003年6月10日	美國	探測車
16	火星探測車（2號機：機會號）	2003年7月7日	美國	探測車
17	火星偵察軌道衛星	2005年8月12日	美國	軌道器
18	鳳凰號	2007年8月4日	美國	著陸器
19	火星科學實驗室（好奇號）	2011年11月26日	美國	探測車
20	曼加里安號	2013年11月5日	印度	軌道器
21	火星大氣與揮發物演化任務（MAVEN）	2013年11月18日	美國	軌道器
22	火星天文生物學任務（ExoMars）	2016年3月14日	歐洲、俄羅斯	軌道器
23	洞察號	2018年5月5日	美國	著陸器

※製表時間為2020年2月

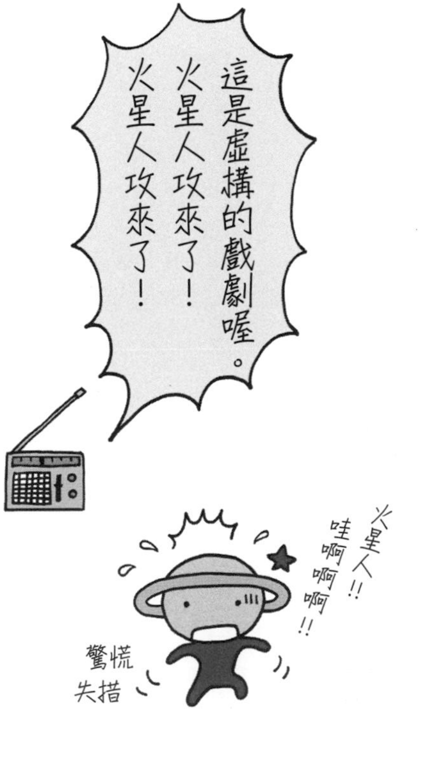
這是虛構的戲劇喔。
火星人攻來了！
火星人攻來了！
火星人!!
哇啊啊啊!!
驚慌
失措

08 全球暖化好恐怖：永續發展目標SDGs

地球為何正在暖化？

現代社會面臨著諸多挑戰。在日本，有少子化、高齡化，地方人口過度外移與社區體系崩潰，國家歲入歲出所累積的赤字增加，醫療、福利與年金的維持，應付全球經濟衰退，跟鄰近各國的和平外交等種種擔憂。放眼國際來看，同樣有許多迫在眉睫的課題，諸如「融合教育」（讓不分障礙的所有學生，公平的參與式學習，都能受到組織和社會所接納而發揮自身特質）、資本主義的變化和多樣化、因應人工智慧和科技革命、移民問題和恐怖主義對策、民粹主義抬頭等。

不過，無論是誰、無論在哪個國家或地區，切身有感的最大恐懼，應該就是地球環境的變化，尤其是全球暖化的情形吧。讓我們思索一下，生存在地球這顆行星上的人類，跟地球之間的關係：地球是最貼近我們生活、無可取代的天體，也是我們的故鄉。

全球暖化，是指地球平均氣溫現正長期上升，尤其自從工業革命後，人類活動所帶來的影響，正備受擔憂。

試著從整體地球的角度來切入，世界各地的氣溫和降水量、冰河等地形的含冰量、海流和海水溫度等，都在不同的時間尺度之下發生改變。其中長遠時間尺度中的變化，就是氣候變遷，影響的因素大致可分成下列兩種。

第一種，是太陽活動變化、火山噴發導致大氣中的微粒增加等自然現象所造成；第二種則是人類活動，所謂對於全球暖化的恐懼，就是來自於人類活動造成近現代的平均氣溫急速上升。一般認為，這番地球急遽暖化的情形，應是十八世紀工業革命自英國發跡之後，人類活動使大量溫室氣體釋放到大氣中所造成的。

溫室氣體，具體來說就是二氧化碳和甲烷，具有高度文化性和生產性的人類活動，使得它們在大氣中的濃度飛速升高。不過我們必須留意一項危機，在包括

全球平均地面氣溫變化

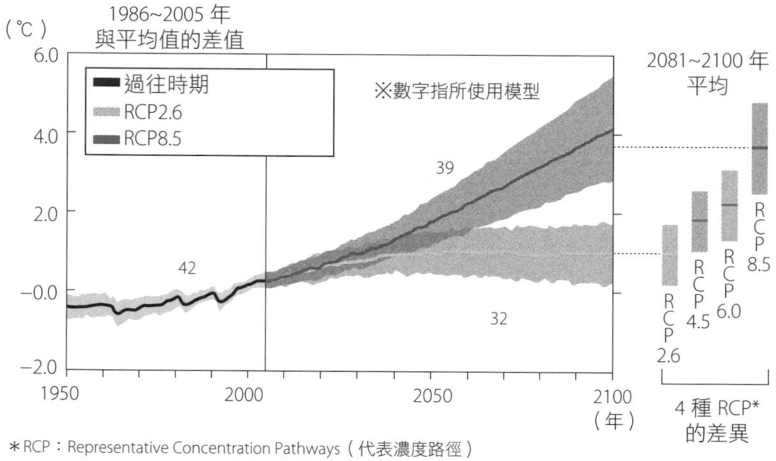

＊RCP：Representative Concentration Pathways（代表濃度路徑）
出處：IPCC 第五次評估報告綜合報告書的「決策者參考摘要」（SPM）

日本的全球各地，至今仍有一大批人並不同意這是事實。他們主張，全球暖化的主因是大自然的影響，而人類活動的影響極低。

跟高爾（美國前副總統）同樣為二〇〇七年諾貝爾和平獎得主的IPCC（聯合國跨政府氣候變遷小組），在二〇一三至一四年公開了「第五次評估報告」，這份報告分析許多種精密的氣候模型，明確指出全球暖化的原因就是人類活動。

艾爾・高爾（1948~）

此外，ＩＰＣＣ在二〇一八年十月所發表的特別報告指出，以工業革命前做基準，未來的平均氣溫上升一·五度或二度後的影響，將有很大的不同，因此近年世界各國所應做的措施至關緊要。

發出憤怒之聲的年輕世代

葛莉塔·童貝里（2003~）

有件事情大家應該還記憶猶新，那就是二〇一九年九月二十三日，瑞典環保少女葛莉塔·童貝里（當時十六歲），在紐約舉辦的聯合國氣候行動峰會上，對著遲遲沒有積極處理全球暖化的各國領袖發表演講。當年她選擇罷課，在斯德哥爾摩國會外靜坐，以呼籲世人設法因應全球暖化，令全球許許多多的年輕人產生共鳴。在發表演說之前的九月二十日，全球含日本在內有一百六十三個國家和地區，一齊發動了訴求處理氣候危機的示威活動。就像這樣，尤其以歐洲年輕世代為中心，遏止全球暖化刻不容緩的要求聲浪正在升高。葛莉塔也被美國《時代》雜誌選為二〇一九年的「年度風雲人物」。

所以說，假設人類繼續照現在這樣排放二氧化碳，我們在不久之後，將會面臨怎樣的可怕情形呢？在這個情況下，預估在二一〇〇年，地球的整體平均氣溫最多可能會比二〇〇〇年提升四・九度。日本全國各地的盛夏最高溫將一律超過四十度，酷暑之日應會持續兩個月之久。

這樣一來，日本每年的中暑死亡人數，推估應會超過一萬五千人，在許多日子裡從事戶外工作都會變得極度危險；日本的本州地區的稻作將因過熱而無法結穗，只剩北海道堪當主要的稻米產地；以及海平面上升，會導致幾乎能翻覆日本列島的超級颱風頻繁生成，如二〇一八年、二〇一九年所經歷過的嚴重颱風氣象災害，將成為日常。

事情還沒完。全球各地的平均海平面高度會上升，使得義大利的威尼斯等眾多濱海都市和世界遺產沒入水中。不僅大氣循環跟海流，就連生態系也會大幅改變。因此國際間的目標，是希望到二一〇〇年時，氣溫的上升幅度控制在一・五度以下。

具體來說，現在我們每一個人應該做出什麼樣的行動呢？如今是需要以全球角度來看待、思索事物的時代，也就是指跨越國家、地區等藩籬，以整顆地球的視野來看事情。聯合國在二〇一五年發表了包含全球暖化對策在內的「永續發展目標」（Sustainable Development Goals, SDGs）。其中包括人類能夠以地球規模持續開發所需的十七項目標，是一套「為了人類、地球的繁榮而生的行動計畫」，其中第十三項，就是「氣候行動」。在ＳＤＧｓ這套行動方針的十七項目標底下，更進一步設定了一百六十九條具體的細項對策。

SDGs的17項目標

SUSTAINABLE DEVELOPMENT GOALS
1 消除貧窮
2 零飢餓
3 良好健康與福祉
4 優質教育
5 性別平權
6 淨水與衛生
7 可負擔的永續能源
8 良好工作與經濟成長
9 工業化、創新及基礎建設
10 減少不平等
11 永續城鄉與社會
12 責任消費與生產
13 氣候行動
14 保育海洋生態
15 保育陸域生態
16 和平、正義及健全司法
17 全球夥伴

第十三項「氣候行動」，具體包括下列對策：

13．1：強化各國對天災及氣候有關風險的災後復原能力與適應能力。

13．2：將氣候變遷措施納入國家政策、策略及規畫之中。

13．3：在氣候變遷的減緩、適應、減少影響與早期預警上，改善教育，提升意識，增進人員與機構的能力。

13．a：在二〇二〇年以前，落實已開發國家簽署UNFCCC的承諾，目標是每年從各個來源募得一千億美元，以有意義的減災與透明方式解決開發中國家的需求，並盡快讓綠色氣候基金透過資本化而全盤進入運作。

13．b：提升開發度最低國家中的相關機制，以提高能力而進行有效的氣候變遷規畫與管理，包括將焦點放在婦女、年輕人、地方社區與邊緣化社區。

＊聯合國氣候變化綱要公約（UNFCCC）的締約國大會，被視為各政府因應全球氣候變遷，所進行交涉的國際對話場合。

09 大冰河期會來臨嗎？

地球氣溫並不穩定

前一單元我們提到，在往後數百年，人類需要對全球暖化保持戒慎恐懼。但如果試著把時間尺度擴張到一百倍、以數萬年的規模來看，我們則會面臨「地球可能再度進入冰河期」的另一種恐懼。

在地球四十六億年的歷史中，地球曾反覆經歷暖化和寒化。在冷到極致的時刻，甚至發生過海洋全部結冰的情形，也就是雪球地球（全球凍結）。最有名的一次雪球地球冰河期，發生在約七億年前的前寒武紀時期尾聲，當時使得生物大量滅絕，推測可能因此而有後來「寒武紀大爆發」的爆炸性生物演化。

進入雪球地球狀態的地球，由於覆蓋著白色的冰，反射掉陽光的比率提升，而增進了寒化。不過，地球內部火山活動所製造出的二氧化碳會漸漸增加，相信是因此產生了溫室效應，提升地表溫度，結凍的環境才得以回復原狀。那麼地球還會又一次成為雪球地球嗎？

在無法預測的情況下求生存

地球歷史上的近一百萬年間，落在地質年代的新生代第四紀冰河期。這段時期，既是人類誕生並向外擴張生活圈的時代，也是地球氣候輪番寒化、暖化，自然環境激烈變化的時代。在這一百萬年間，主要有四次冰河期，冰河期與相較溫暖的間冰期，約每四萬至十萬年循環一次。目前我們正值末次冰河期過後約兩萬年的間冰期，換句話說，地球有可能再次寒化。

不過，人們還不清楚是什麼導致冰河期和間冰期的循環，往後也有可能不會變成冰河期。總之，往後究竟會不會再度演變成雪球地球，我們現階段完全沒有線索。

在第四紀末次冰河期最為寒冷的時期，據說全球的平均氣溫比現在低了約十

以各尺度檢視地表氣溫變化

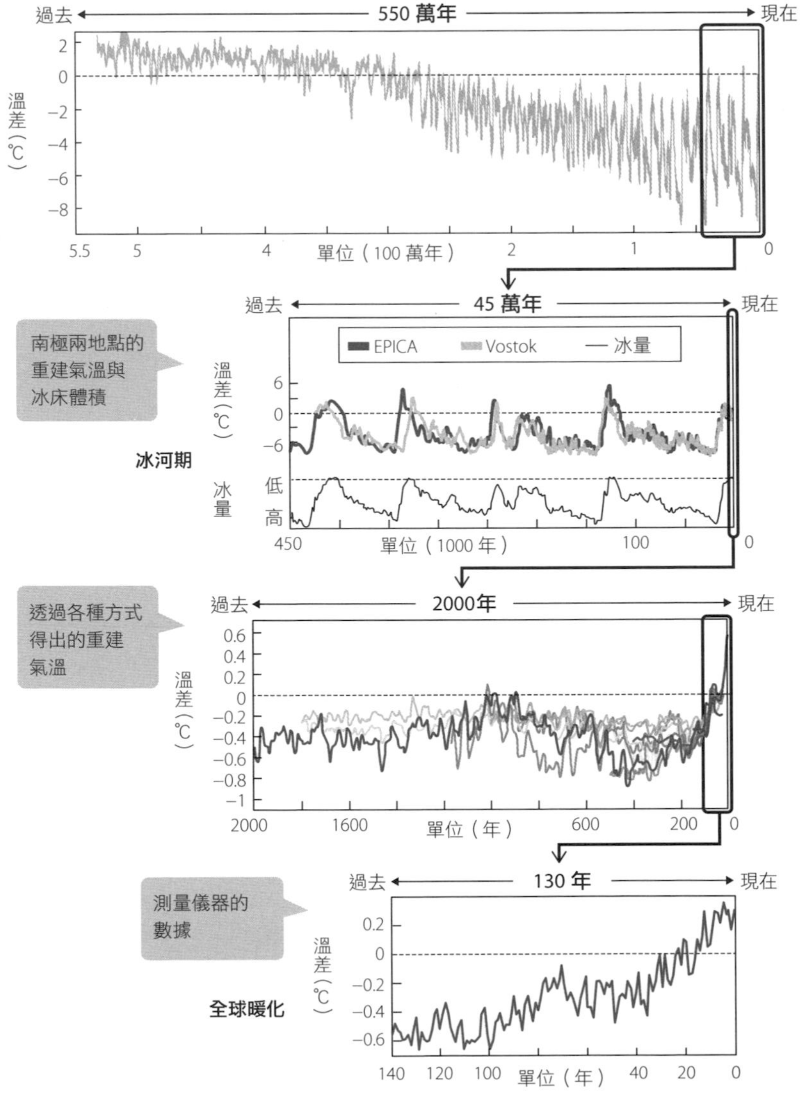

度。像目前東京的年均溫是十六度左右，當時的年均溫則是落在六度左右，相當於現在北海道釧路市的氣溫；另一方面，釧路市在那個時期，平均氣溫是零下四度，跟現在的格陵蘭一樣冷。

日本歷任的文部科學大臣★，曾經問過我好幾次，地球究竟會暖化或是寒化？暖化的時間尺度跟寒化的時間尺度相差達到百倍，這點不僅是大臣，所有人都必須注意。不過，全球氣候變遷是超出人類智慧的範疇，事實是我們很難正確預測氣候。不論何種事務，都要深謀遠慮的推進，才是上策。

★譯註：日本中央政府機構「文部科學省」的最高首長。文部科學省的職責包括教育、科學、學術、文化和體育事務。

10 再也看不到星空的恐懼

全球的光害每況愈下

住在都會之中，幾乎沒有機會看見星空。相信應該很多孩子沒看過流星、沒看過銀河吧？

我曾做過調查，詢問人們太陽下山的方位在哪邊？結果發現，住在都會的小孩幾乎都無法答對。這顯示，沒有實際體驗，就無法對一件事情產生興趣，當然也就無法增進理解。

如果像人造衛星一樣從外太空觀看地球，在照射不到陽光的夜間，我們也能清晰分辨人類居住的區塊在哪裡——現今從人造衛星上看到的地球外觀，可說是悲慘的模樣，在夜間，無數人造燈光的能量從地球朝外太空發散浪費掉。這不僅是發生在紐約、倫敦、東京、上海之類的大都市，環顧日本，就會知道全國的新幹線和高速公路沿線，都有城鎮、有人居住。

SDGs（永續發展目標）也呼籲停止浪費能源，從地面朝空中釋出的光線，已經引發「光害」的現象了。無論專家或業餘人士，都對於天體觀測、學習星空等科學教育的影響表示憂心，而且人工光源也會對動植物造成惡劣影響。例如曾傳出海龜產卵時誤把海濱路燈當成月亮的案例，以及便利商店、高爾夫球場附近的田地，農作物生長受阻的現象等等。

另外有研究顯示，在人類生活中也一樣，發光二極體（LED）的紫色到藍色波長的光，有可能會引發睡眠障礙。

所以，這不僅僅關乎天文學家和天文迷單純想欣賞絢爛星空的的權利，從節省能源的觀點，或從對於人類和其他動植物生態系的影響出發，光害完全是必須設法因應的社會問題。

在日本，已有地方政府制定了光害防制條例，禁止使用霓虹燈招牌和探照燈，或在路燈上設置遮光傘，避免多餘的光線釋放到上空等等。

像是岡山縣井原市美星町，為了守護觀星環境，距今三十多年前就開始投注努力，在一九八九年制定了日本第一個光害防制條例。美星町如同其名，是個有著亮麗星空的魅力城鎮，具備口徑一〇一公分反射望遠鏡的美星天文臺、ＪＡＸＡ美星太空防衛中心等天體觀測設施都位在這裡。

在國際上也正逐漸推動相關工作，其中國際暗空協會（ＩＤＡ）給予偌大的助力。國際暗空協會致力於各類光害防制活動，其中一項便是星空保護區的認證工作。聯合國教科文組織所認證的世界遺產，分成自然遺產和文化遺產，不過在目前的方針下，出色的星空環境本身無法被聯合國教科文組織列為世界遺產。

因此，國際暗空協會與國際天文聯合會攜手合作，在全球各地推動星空保護運動，並認證守護星空景觀的地區。至二〇二〇年為止，日本國內獲得認證的星空保護區，僅有西表石垣國立公園（沖繩縣）*，隨著光害防制的時機成熟，未來有望還能繼續增加。

日本在二〇一八年成立宇宙旅遊推進協議會（Sora Tourism），天文觀光逐漸受到矚目。天文觀光是一個統稱，包括觀賞天體（星星）的旅遊、觀看日食等天文現象的旅遊，以及造訪昴星團望遠鏡等天體觀測設施、天文臺的旅遊等。

在國外，盛行天文觀光之處包括夏威夷大島（毛納基山）、智利的阿塔卡瑪地區、大西洋的加那利群島、紐西蘭的蒂卡波湖、非洲的納米比沙漠（位於納米比亞）等處，這些地方幾乎都已獲得星空保護區的認證，並訂定相關條例來規範光線的釋放。近年來，守護並享受傑出星空的文化逐漸成熟。

天文觀光療癒人心

我自己曾有好幾次，在仰望星空時得到心靈的療癒，尤其年輕時更是如此，在夢碎、失戀等時刻，星空總能撫慰我的心。另一方面，我也有過無數次經驗，跟戀人、親密夥伴、家人一同仰望滿天星空，感到滿滿的幸福。獨自與星空對望，探討自身的過去與未來；在滿天星斗下，跟夥伴暢聊與共鳴，連睡覺都拋諸

★譯註：臺灣南投縣仁愛鄉「合歡山國際暗空公園」的絢爛星空在二〇一九年獲得認證，是亞洲繼韓國、日本後的第三座國際暗空公園。

天宇、宇宙、天空的概念圖（日本的定義）

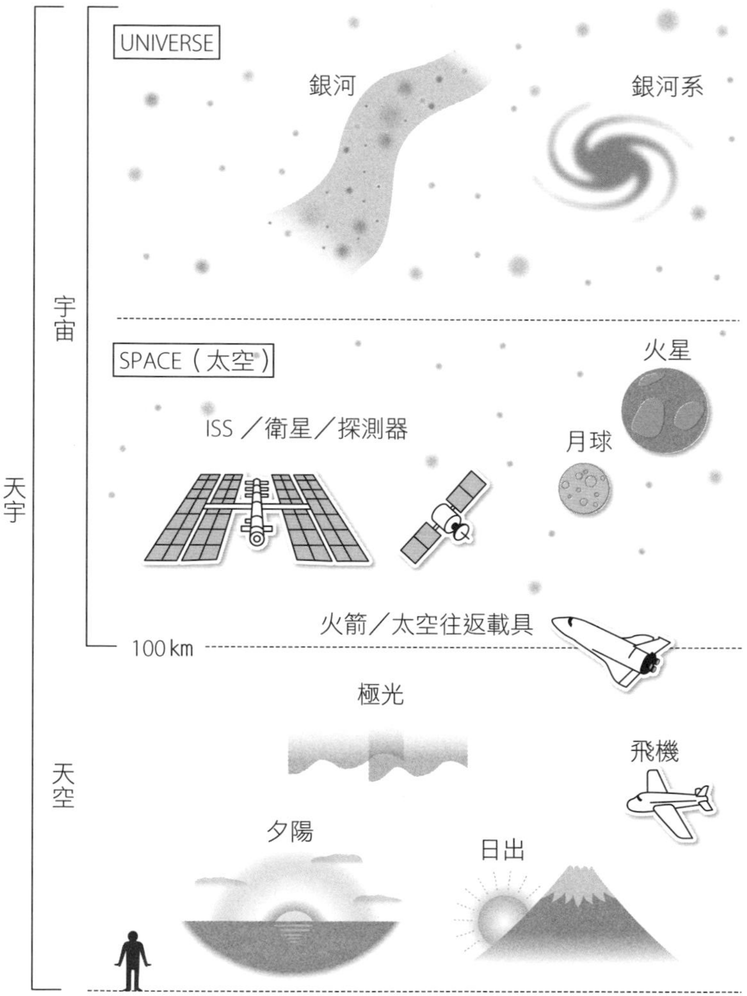

腦後——對生於現代的我們而言，星空是如同故鄉一般，無可取代的存在。

天文觀光帶給人們跟自身、他人對話的寶貴時光，不少參加天文觀光的人，都從星空中獲得了慰藉。日本目前正處在少子化、高齡化的列車上，而且人口集中在都市，鄉下因勞動力不足而發展疲弱。若人們來到有著璀璨星空的鄉間，可以期待跟在地人群交流，最重要的是，錢流將能灌溉地方。天文觀光不僅讓旅行者、在地人士、交通設施和觀光業者這三方都能獲得益處，更是一個良好機會，讓人意識到大自然的重要性，以及關注光害和能源的浪費。因此在實現永續發展目標的層面上，即使只是一些些，也仍有貢獻。

人造衛星快要塞滿空中

有說法指出，將來不論住在哪裡、前往何處旅行，人們可能再也無法欣賞到大自然的美麗星空，這是人造衛星塞滿天空所造成的可怕結果。

自一九五七年蘇聯發射史普尼克1號以來，這六十多年時間裡，人類已經發射了超過八千枚人造衛星。包含軍事衛星、通訊衛星、廣播衛星、地球觀測衛星、氣象衛星等，有各式各樣的人造衛星環繞在地球周圍。其中軍事衛星的威脅非同小可，除了原發射國之外，其他國家無從得知它的發射目的、衛星的性能、正在收集何種資料。在這裡我特別要提出的是，通訊衛星的數量，預計將爆發性的增長。

星鏈衛星

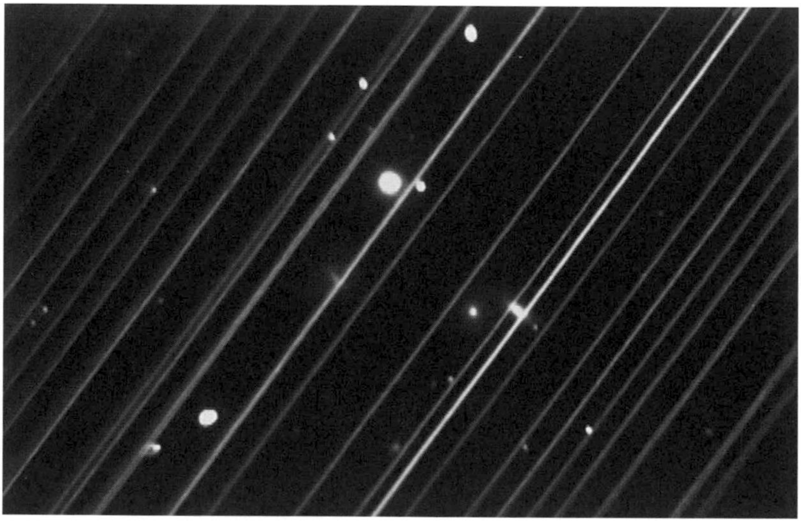

照片來源：Victoria Girgis（羅威爾天文臺）

現代的生活，已處在少了智慧型手機、網際網路等通訊方式就無法溝通的景況。在這之中，有民間企業正打算發射極大量的通訊衛星，以求網路通訊服務有更快的速度，並確保在全球任何一處都不會發生通訊落差。

以Google為首的數間網路相關企

業，都有各自正在推動的計畫，其中預計將發射特別多通訊衛星的，就是伊隆·馬斯克所率領的美國太空探索技術公司（SpaceX），他們的星鏈計畫，預計將由獵鷹9號火箭發射共計一萬兩千顆衛星。

這項計畫已揭開序幕，在二〇一九年五月二十四日，一口氣發射了六十枚星鏈衛星，它們以二等星至七等星的亮度橫掃空中。仰望夜幕，我們會看見大量的人造衛星，破壞了原有的星空。

一般而言，人造衛星會在接近傍晚或凌晨的空中，如飛機般移動，反射太陽光而發光。飛機的機翼會閃燈，人造衛星則通常不會閃爍，會以比流星還慢的速度，逐漸劃過星空，因此如果人造衛星再這樣增加下去，不僅會造成天體觀測的障礙，甚至可能剝奪掉人們欣賞星空的文化和權利。

我看不到星空了。
真頭痛啊！

11 月亮會掉下來？其實，月亮一直都在往下掉

跟地球最靠近的天體：月亮

在本章的最後，讓我們來談談離地球最近的天體：月亮。月亮是地球唯一的衛星，白天的太陽若是「陽」，黑夜的月亮就是「陰」，在天空中唯獨這兩顆星體不是星點，而是有一定面積的星體。「日月火水木金土」在日本是一週內各天的代稱★，也就是日月兩天體，以及在古代就可用肉眼觀察到的水星、金星、火星、木星、土星這五大行星（名稱來自中國的五行說，認為萬物皆是由金、木、

★譯註：週一至週日分別稱為月曜日、火曜日、水曜日……日曜日。

水、火、土這五種元素所構成）。

從地球到月亮的平均距離為三十八萬公里，這剛好是把三十顆地球一字排開的距離。不過，由於月亮運轉軌道不是正圓形，而是稍微橢圓形，因此與地球之間的距離會有差異，較靠近時約是二十八顆地球，較遠時則是三十二顆地球的距離。當月亮來到離地球較近的位置，又碰上滿月，這俗稱為「超級月亮」，但是這並不是天文名詞，通常是用來指當年最大的滿月，或者月亮大到超過某一程度的情形。

月亮的運轉軌道略呈橢圓，跟地球並非一直保持相同距離，這也會使日食的模樣有所不同。當新月時的月亮橫切過太陽前方，這時地球上就會看到「日全食」，當月亮距離地球較近時，外觀看起來很大，會將太陽本體整顆遮住；另一方面，若月亮位於距地球較遠的位置，外觀看起來會比較小，因此也就無法完整覆蓋太陽，而形成邊緣有一個圈環的「日環食」。

到目前為止，發生日全食的頻率比較高，但若長遠來看，日環食的頻率將逐漸增加，等到遙遠的未來，我們將不再能欣賞到日全食了，這是因為月亮正緩緩

大碰撞使月亮誕生

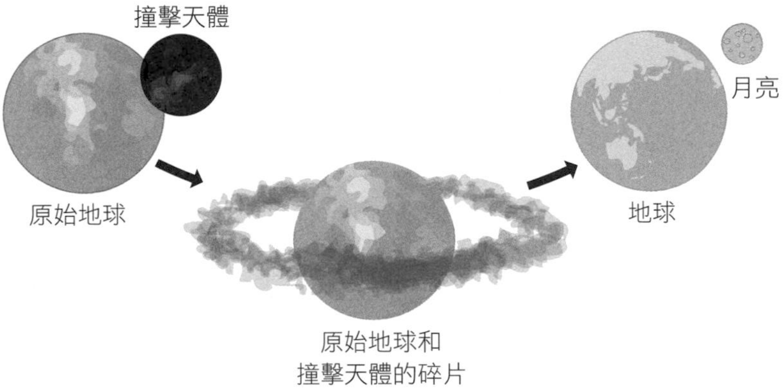

離地球遠去。目前月亮正以每年約四公分的速度，持續向外側移動；這也顯示，過去的月亮曾經離地球更近。目前月亮繞地球公轉一圈的週期是二十七·三天，但曾有一段時期，週期僅是四天左右。這些情況跟月亮誕生的祕密有著極大的關連。

月亮的誕生

四十六億年前，形成原始太陽系的圓盤狀氣體和塵埃聚合起來，製造出地球。

在當時曾有一顆尺寸等同火星（直徑為地球一半左右）的原始行

星，運行軌道跟地球軌道相交。兩顆天體沒過多久就發生了撞擊，這就是「大碰撞」（Giant Impact）。

跟地球碰撞後粉碎的天體，在繞著地球公轉時急速成長，回復成一個團塊。繞地球公轉的月亮就此誕生。

此時，月亮在距離地球超近的位置，以驚人的高速公轉。當天體間距離很近，潮汐力會發揮作用，像有黏性一樣的牽制月亮，月亮的自轉因而變慢，最後達到繞地球公轉週期跟自轉週期趨於一致的狀態，這稱為「潮汐鎖定」。

此外，由於潮汐力的作用會拖慢月亮公轉的速度，在公轉變慢的同時，公轉軌道也逐漸往外側偏去。當公轉速度過快，月亮將會噴射出去；若速度過慢，則會墜落到地球上。因此兩顆天體間的距離會跟公轉速度連動，調整成能夠穩定運轉的狀態。由於潮汐力持續運作，月亮因此不斷的往外偏。

少了月亮，地球或許就沒有四季

不經意看見蘋果墜落地面，使牛頓發覺了萬有引力；但月亮並不會像蘋果一樣掉下地面。為什麼呢？這是因為月亮持續繞著地球公轉，換一種說法，其實它也是一直朝向地球墜落。

雖然不斷的墜落，但不停旋轉的月亮卻無法抵達地球。可以這麼解釋，是萬有引力跟離心力達到平衡；也可以解釋為，是月亮遵循著慣性定律，一直朝著地球落下。

艾薩克·牛頓（1643~1727）

如果沒有月亮，對現在的我們會產生怎樣的影響呢？首先，地球應該就不會有四季變化了。地球的地軸與地球公轉軌道面的垂直線（法線）之間，有著二十三·四度的傾角，有科學家認為，地球是因為月亮的大碰撞而導致傾斜的。若事情是這樣，缺少了月亮，地球就不會發生地軸傾斜，就不會產生四季變化，或許會成為一顆沒有色彩的天體。

這表示，不僅候鳥、蝙蝠，包括往返各大陸間的蝴蝶等昆蟲都不再有遷移的

地軸傾斜與四季變化

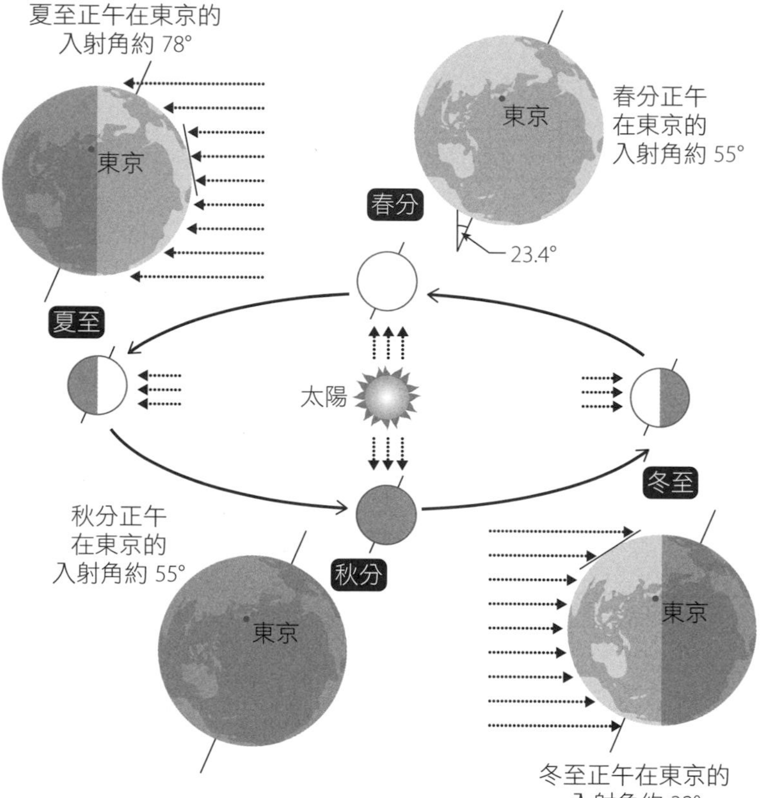

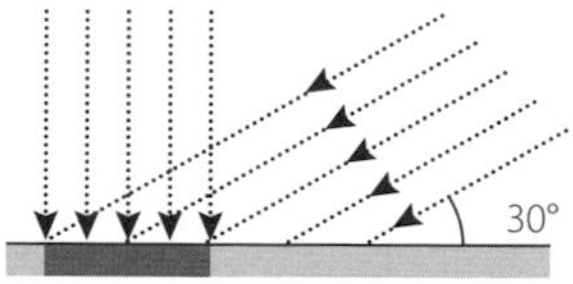

入射角 30°跟 90°的情況比較
入射角越小，單位面積的
入射能量就越小。

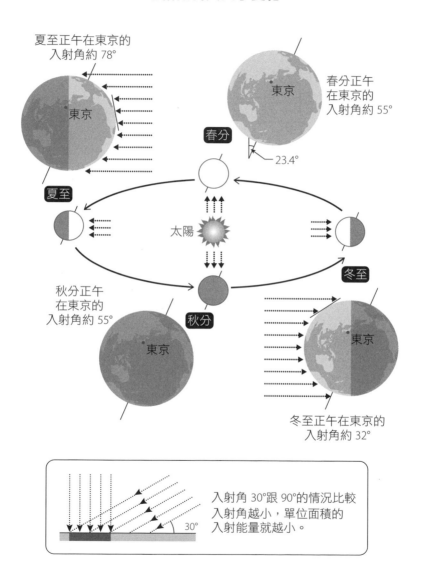

習性，相信地球環境也就無法像現在這樣，幾乎全球都滿溢著生命了吧。寒冷的極區會比現今寒冷許多，炎熱的赤道則會比現今炎熱許多。

另外在月亮和潮汐力影響下，自轉速度變慢的並不只有月亮，地球其實也變慢了。沒有了月亮，地表就會籠罩著高速強風，可能經常吹著令樹木無法生長、人們也無法直立行走的強風。

月亮的盈缺週期是二十九·五天。許多動植物的生活，都受到這個週期的影響，尤其海洋生物，如珊瑚和海龜的產卵都跟月齡有所連結。另一方面，就像狼人的傳說一樣，陸地生物跟月亮的圓缺也不是毫無關連。在非洲的熱帶稀樹草原上，據說在滿月前後，也就是月光愈明亮時，獅子愈容易狩獵成功。看來對某些動物來說，滿月是危險的夜晚；而對另一些動物來說，確實也很像是變身成狼人的夜晚呢。

吼喔喔喔喔~~~

Part 2

銀河世界帶來的恐懼

01

宇宙很可怕的原因是……

人類自古就害怕宇宙

人為什麼會害怕宇宙呢？讓我們試著想想，仰望星空時所會感受到的恐懼吧。看著滿天星斗的夜空，有些人會為這份美麗而感動，卻也會有少數人覺得很恐怖。

有些人擔心星星會掉下來，有些人害怕被遼闊的宇宙給吞噬。如果懂得天文學的話，至少不會有這類擔憂；但是當獨自在杳無人煙的地方，一直望著夜空，相信當下還是無法抹去本能上對黑暗的恐懼。想一想，恐怖的並不是星空，而是地球的黑暗才對。

在第一章談到了我們居住的地球和周邊的太空環境，地球跟其他行星、小行星、彗星等，一同圍繞著太陽旋轉。

目前人類正計畫要再次登陸地球唯一的衛星——月球，以及前往鄰近的行星——火星。自一九五七年史普尼克1號進入太空後，一路以來已有許多人造衛星在地球大氣層外活動。從二十世紀末開始，隨時都有人類駐留在地球上空四百公里處的國際太空站裡。一九六〇年代起，人們就開始透過無人探測器，對太陽、行星、小行星和彗星展開探索。太陽系確實已是我們的活動場域，相信往後也會持續推動宇宙（太空）開發和宇宙（太空）探索。

宇宙的恐怖，在於真空和無重力，也就是因為跟地面的環境大相逕庭，喚起了人們對於生存的恐懼。光是想像沒穿太空服就被丟進太空中的畫面，就有各式各樣令人害怕的情況：窒息的恐懼；身體無法如預期移動的恐懼；因為沒有空氣，使得聲音無法傳遞，導致叫聲無法送出也無法形成聲響的恐懼；接觸到太陽輻射、尤其是紫外線的恐懼；曝露在宇宙射線下的恐懼等等。此外，前往太空時，巨大載具與火箭的安全性，同樣令人擔憂。因此，人們憧憬勇於面對重重困難的太空人，並且為他們加油打氣。

遼闊的宇宙令人恐懼

在第二章要介紹的是宇宙中的恐怖天體和恐怖現象。

地球是太陽系第三顆行星，太陽系則隸屬於直徑超過十萬光年的巨大天體集團——銀河系。一光年是光在真空中前進一年所能走的距離，這是大約九兆五千億公里的浩瀚距離。太陽系的範圍，即使估算到邊緣的歐特雲為止，也還不到一光年；而銀河系的大小，則是光線得耗費十萬年以上，才有辦法穿越。

銀河系在宇宙中是標準尺寸的星系，不算特別大。銀河系裡，像太陽般藉由核融合自行發光的星體（恆星），推測至少有數千億顆，而繞著那些恆星公轉的太陽系外行星，數量應該也相去不遠。

銀河系是扁平的漩渦構造，歸類在螺旋星系這一類。宇宙是由大大小小的星系所構成，就好比構成我們身體的基本單位是一個個的細胞，而我們的宇宙其實是超過數千億個星系的集合體。宇宙在距今一百三十八億年前的大霹靂中誕生，直到今日仍持續膨脹，而「可觀測的宇宙」盡頭就在一百三十八億光年外，這也

宇宙的大小

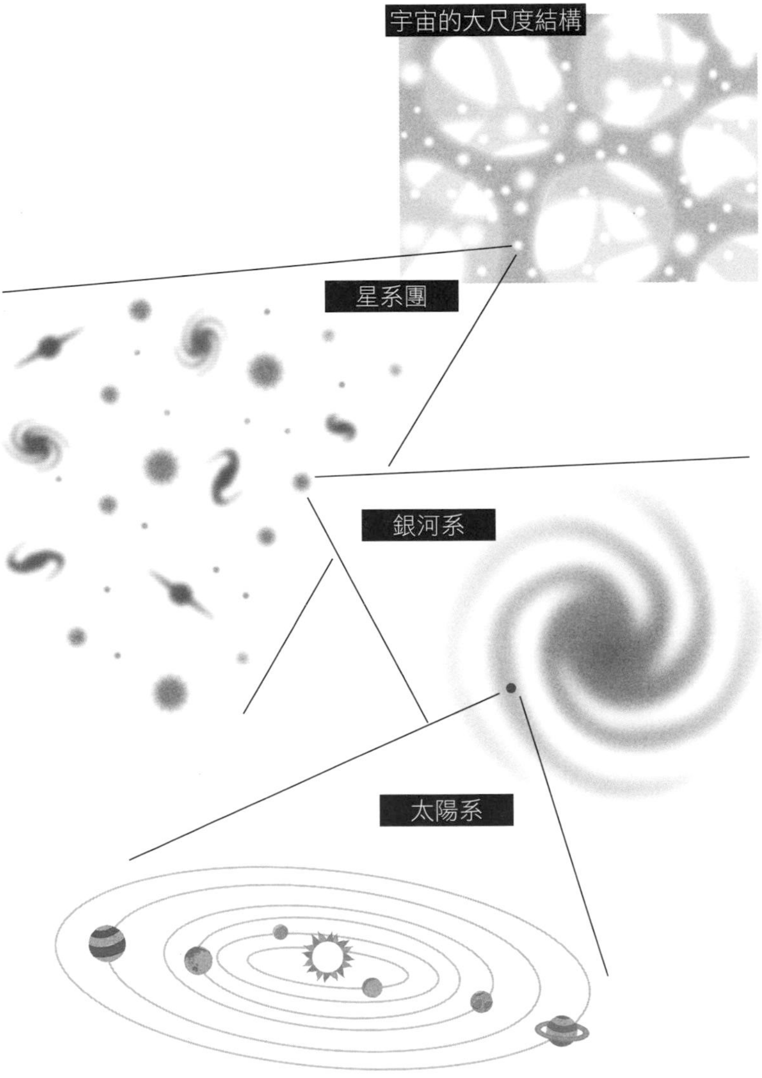

銀河系

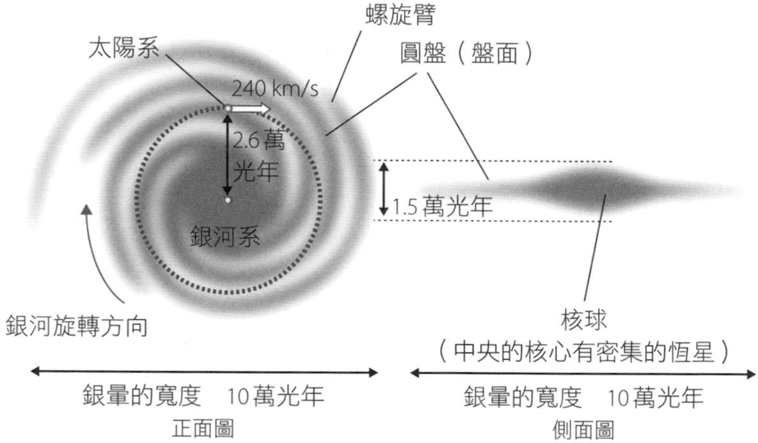

是宇宙誕生後的模樣。

光是聽到這裡，想必有人覺得宇宙實在太過遼闊，相當恐怖。就算不到害怕的程度，許多人似乎是因為無法明瞭宇宙的整體構造，以及具有的物質跟我們居住的地球之間有何關係，才會不喜歡宇宙，是因為不懂宇宙而覺得害怕。

第二章將會介紹宇宙中的各種天文現象，希望經過說明後能稍微消除大家對宇宙的害怕和排斥感。在第三章，我會介紹宇宙的歷史及未來，也就是宇宙論。

02 黑洞充滿謎團

令人不寒而慄的黑洞

對一般人而言，黑洞應該稱得上是最不可思議且詭異的天體了。黑洞是確實存在宇宙中的真實天體，但不曉得是不是命名太成功，宇宙中這個「黑色的洞」，總是激發著人們的想像力。

亞伯特．愛因斯坦（1879~1955）

卡爾．史瓦西（1873~1916）

黑洞是相當不可思議的天體，它超強的重力就連光線都能吞噬。這個概念源自於愛因斯坦在一九一五年發表的廣義相對論，隔年德國科學家史瓦西便預測了

史瓦西預測黑洞存在

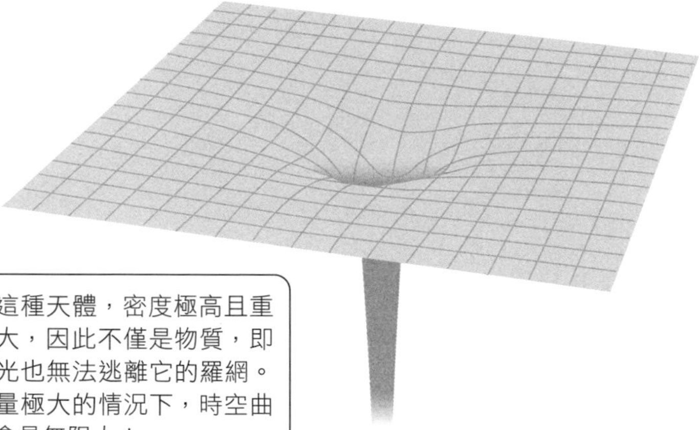

黑洞這種天體，密度極高且重量巨大，因此不僅是物質，即使是光也無法逃離它的羅網。在質量極大的情況下，時空曲率將會是無限大！

黑洞的存在。如今我們已經發現宇宙中有數量眾多的黑洞，而黑洞大致上可以分成兩種。

第一種是一般的黑洞，是由超過三十倍太陽質量的恆星，在經歷超新星爆發後所形成，天鵝座X－1就是其中的代表。為什麼會形成這種黑洞呢？透過恆星演化的相關研究，我們已經有了大略的了解，我會在本單元後面詳細介紹。

相對的，另一種黑洞則充滿謎團。在銀河系中心，已發現到超大質量黑洞。

拍攝到超大質量黑洞的陰影

二〇一九年四月十日，當時在日本為深夜時間，在全球共六個地點，同時舉行了一場歷史性的記者會。內容是日本天文學家也有參與的跨國研究團隊「事件視界望遠鏡合作計畫」（EHT Collaboration），宣告全世界第一次成功拍攝到超大質量黑洞的陰影，環繞著黑洞的光子球層，首度在世人眼前展現面貌。這條消息在隔天占據了全球報紙一整版的篇幅。上一次天文學消息如此受到矚目，則是二〇一六年二月因黑洞合併，使人類得以首次捕捉到來自外太空的重力波。

這張照片並不是黑洞本身，而是黑洞的陰影（環繞於黑洞周圍的光子球層）。被拍攝的黑洞，是室女座星系團裡的主要成員，位在距離地球五千五百萬光年的巨大橢圓星系M87中心處。M87產生的噴流，讓人們得知它的中心有著黑洞，但捕捉到光子球層的樣貌，則是史上首見的壯舉。在科學家分析拍攝到的黑洞陰影之後，我們已知這個黑洞約達六十五億倍太陽質量。

事件視界望遠鏡所捕捉到的黑洞陰影

照片來源：EHT Collaboration

M87這個天體名稱，可能不常耳聞，但M78星雲，或許有不少人聽過吧？沒錯，它就是鹹蛋超人的故鄉。雖然僅是科幻作品，鹹蛋超人實屬日本國民英雄的一員。構思這部科幻作品的公司是「圓谷製作」，公關人員已經證實，鹹蛋超人的故鄉原本是設定在室女座星系團的大頭頭M87，人們在當時就已經察覺到它的巨大。據說是因劇本誤植等意外事件，才導致數字前後顛倒，寫成了M78。相較於我們所居住的銀河系，或鄰近知名的仙女座星系M31，M87是更巨大的星系，因此能成功拍攝到黑洞的陰影。

事件視界望遠鏡研究團隊，約有多達兩百位研究者，這項充滿雄心壯志的研究，企圖捕捉黑洞的「事件視界」（光所無法逃逸的黑洞邊界）。他們在二〇一七年同步連線全球的八臺電波望遠鏡，利用一．三毫米波段的電波，成功捕捉到了黑洞的陰影。二〇一九年則發表了兩年前觀測數據經詳細分析後的結果。

用來觀測黑洞的電波望遠鏡遍布世界各地，包括南極、智利、亞利桑那、墨西哥、西班牙及夏威夷，解析度相當高，能夠從地球觀察到放置在月球表面上的一顆棒球，即人類視力三百萬，「好眼力」超乎想像。人們過去一直還沒辦法拍攝黑洞，是因為智利的阿塔卡瑪大型毫米及次毫米波陣列望遠鏡（ALMA）還沒加入團隊，二〇一七年ALMA加入後，集光力就變得相當優異。

不過，就算有了事件視界望遠鏡（Event Horizon Telescope，EHT），若想拍攝位於我們所在銀河系中央處、預估達四百萬倍太陽質量的超大質量黑洞，其感測能力也只算差強人意。

科學家目前持續研究分析當中，未來可以期待，銀河系中央的黑洞陰影照片亮相。另外，ＥＨＴ團隊目前也正觀測著星系M104中心以及半人馬座A星系中心處的黑洞。

如何觀測黑洞

請注意，事件視界望遠鏡拍攝到的並不是黑洞的本體，而是陰影。畫面中的明亮部分（光子球層）內側，大約五分之一半徑是事件視界，而黑洞就在內部（從黑洞中心到事件視界之間的距離，稱為史瓦西半徑）。

透過電波觀測技術，可以觀測到環繞在黑洞外圍的光子球層，當電磁波在靠近黑洞、就要被吸收的前一刻，波的行進方向會因黑洞的強大重力而彎曲，大量的粒子變成光束的形式，因此在大約黑洞半徑五倍之處，彎折的光會聚集在黑洞周圍，形成以球殼狀環繞黑洞的光子球層。

經由事件視界望遠鏡合作計畫，人們首度拍攝到位於星系中央超大質量黑洞的光子球層，但先前也已透過其他方式，確認了黑洞存在。舉例來說，可以利用電波望遠鏡分析星系中央的旋轉運動。日本國立天文臺野邊山宇宙電波觀測所，

事件視界望遠鏡配置圖

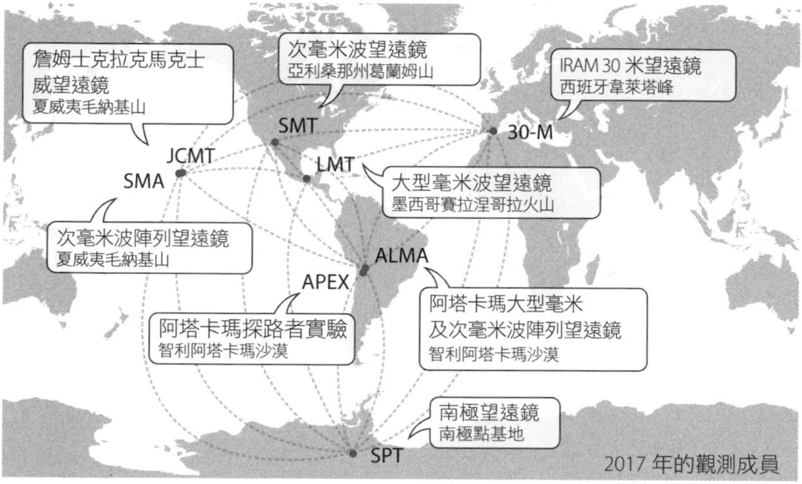

（EHT Collaboration）http://www.nao.ac.jp/news/sp/20190410-eht/images.html

在一九八二年設置了口徑四十五公尺的毫米波電波望遠鏡，其中一個重大的成果就是發現黑洞。一九九五年，國立天文臺的三位研究人員：三好真、中井直正、井上允，利用這座電波望遠鏡，在距離地球兩千三百萬光年遠的螺旋星系 M106 中央，發現了高達三千九百萬倍太陽質量的超巨大黑洞。

這是除了銀河系以外，首次在遙遠星系的核心發現超大質量黑洞。

三好等人詳細觀測 M106 的中心部分，比對了光譜線，發現發出水邁射（Water Maser）譜線的位置上，有兩個幾乎相等的電磁波波峰，這是因銀河系中心超高速旋轉所產生的「譜線偏移」（都卜勒效應）。從銀河中心旋轉的速度，（根據克卜勒第三定律）可以求出位於中央的物體質量，因而得知引發這番旋轉的就是黑洞。科學家也利用相同的方法確認到，在我們所居住的銀河系中央，存在著達四百萬倍太陽質量的超大質量黑洞。

靠近黑洞會發生什麼事？

讓我們將話題回歸到第九六頁所提到的一般尺寸黑洞，這是超過三十倍太陽質量的恆星，在生命最後階段會轉變成的狀態。為什麼人們會發現連光線都能吞噬殆盡的黑洞呢？在一九七一至七二年對天鵝座X–1的觀測中，偶然發現它是一個包含黑洞的聯星系統，聯星是指兩顆繞著彼此運轉的恆星。有說法指出，宇宙中的恆星大多都是聯星，像太陽這樣單獨存在的恆星反而少見，也就是說，聯星並不是罕見的情況。另外，由於來自太空的X射線會被地球大氣吸收掉，因此X射線的天文學研究中，就需要使用到太空望遠鏡。

全世界首度發現的黑洞：天鵝座X-1

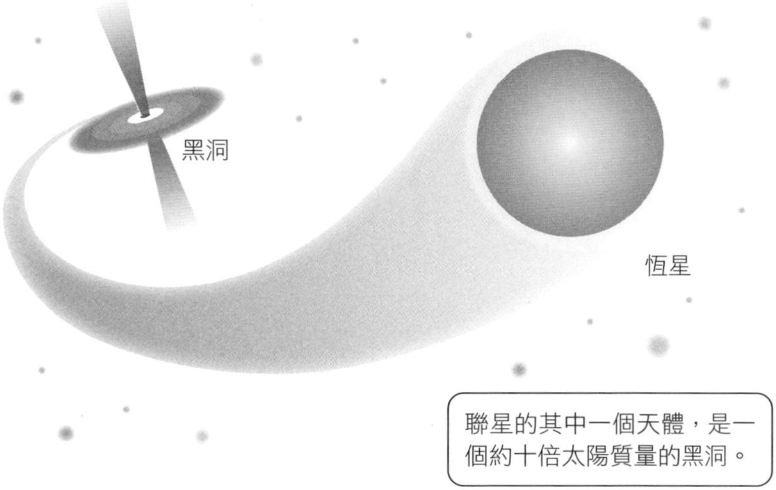
黑洞
恆星
聯星的其中一個天體，是一個約十倍太陽質量的黑洞。

在一九七〇年代初期，用X射線的太空望遠鏡觀測全天，在天鵝座發現了緻密而強大的X射線源，這是天鵝座中最為強烈的X射線源，被命名為天鵝座X－1。之後經過詳細調查，發現X射線源的位置上有顆恆星，在某個看不見的天體附近公轉，並一邊釋放出X射線，因此天文學家推測，這顆看不見的伴星應是黑洞，它距離地球大約六千光年遠。

其後在銀河系中也找到了其他跟天鵝座X－1一樣的聯星系統黑洞潛力軍，而每一個距離地球都超過數千光年，所以地球和居住其中的我們，並不會被黑洞吞噬。我們運氣很好，在鄰近太陽系的地方並沒有黑洞，敬請各位放心。

不過，假如我們接近黑洞，會發生怎樣的事呢？人們對此發揮了天馬行空的想像力。我很推薦的其中一部電影，是二〇一四年上映的《星際效應》，因首次偵測到重力波而獲頒二〇一七年的諾貝爾物理學獎的理論物理學家，基普・索恩，也參與了這部科幻大作的製作。在電影中，太空人進入黑洞內，卻移動到其他維度而平安生還。但現實中，事情不見得會這樣演變。

基普・索恩
（1940~）

黑洞的核心有著重力極強的奇異點，只要來到那附近，就會承受強烈的潮汐力，就像月球的潮汐力能夠導致潮起潮落，所以，我們的身體也會像漲潮那樣，在強大重力下被拉伸。隨著愈來愈接近黑洞，我們的身體也會被拉長、拉長、再拉長、再再拉長，最後甚至會分解到基本粒子的尺度，變成一個長條，然後被吸入黑洞之中。

不過，相對論告訴我們，愈是靠近黑洞，強烈的重力會使時間流動逐步變慢，等到抵達奇異點，相信早就已經連時間的概念都煙消雲散了。

03 超新星爆發隨時會發生

古代記錄到的超新星爆發

一〇五四年是日本的平安時代，京都突然出現了連白天都能看見的明亮星星「客星」，引發了莫大騷動。這件事傳遍京都的街頭巷尾，到了鎌倉時代後，由當時最為優秀的歌人藤原定家，在《明月記》中記錄下來。《明月記》的親筆原版，大部分都是日本國寶，它更是重要的文化遺產，在二〇一九年被日本天文學會認證為第一號日本天文遺產。

在一〇五四年現身的客星，出現在金牛座的牛角前端，這個異常光明的現象在現今稱為「超新星爆發」，當年爆發的殘骸，之後持續在太空中擴散，我們可以透過天文望遠鏡或天文攝影的照片，欣賞到殘骸的模樣（左頁上圖）。這個看

蟹狀星雲 M1

照片來源：日本國立天文臺

環狀星雲 M57

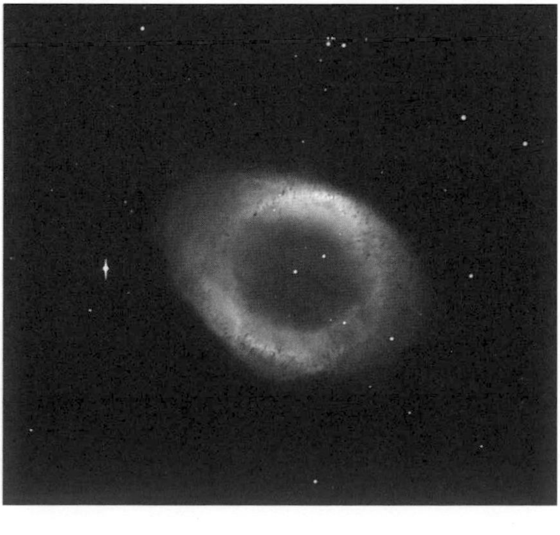

照片來源：日本國立天文臺

起來具有綿密細絲的天體，就是稱為「蟹狀星雲」的M1，是具代表性的超新星殘骸。

太陽的末日：行星狀星雲

前頁下圖的天體則是一種行星狀星雲，名叫環狀星雲（M57，位於天琴座）。目前預測太陽在五十億年後，也會變成像這樣的行星狀星雲，也就是說，環狀星雲是太陽這類恆星迎向死亡時所變成的模樣。蟹狀星雲和環狀星雲的差別，在於原本恆星的質量。不同質量的恆星，有著不一樣的終點，較重的恆星會發生超新星爆發這種劇烈的爆炸現象；而較輕的恆星則是把自己的物質緩緩釋放到太空之中，在形成行星狀星雲之後，只有最後的核心部分會成為白矮星。

以往都說，在銀河系內平均每百年會目擊到一次超新星爆發的現象，但實際上，自從一六〇四年的克卜勒超新星爆發之後，在銀河系內一直都還沒有再發生過超新星爆發（原註：一九八七年，銀河系的伴星系大麥哲倫星雲內發生了超新星爆發，在地球的南半球可以看到）。另一方面，出現在遙遠星系的超新星爆發，則因為星系數量龐大，所以每年可觀測到數以百計的爆發現象，不過這些情況，幾乎都只能透過哈伯太空望遠鏡或昴星團望遠鏡這類大型的天文望遠鏡來確認；而像客星那般，能讓人們用肉眼在夜空上觀賞到的銀河系內超新星爆發，什麼時候會發生呢？

我們能見到超新星爆發嗎？

參宿四有可能正經歷超新星爆發。參宿四是冬季勇者獵戶座左肩上的一等星，它在日本古時候被稱為平家星，目前正處於紅超巨星的生命階段。像這樣垂垂老矣的恆星，核心的氫已經不敷使用，會在核心附近發生核融合反應，以不穩定的狀態散發光輝。天文學家認為，參宿四已經進入生命尾聲，隨時產生超新星爆發都不奇怪。不過，地球距離參宿四只有六百四十光年遠，換句話說，假設它在六百四十年前的日本室町時代（一三三六～一五七三年）爆發，那麼今晚就會出現明亮得連白天都能看見的超新星光芒。另外，假設它是在今天爆發，那六百四十年後的人類，將會因那光芒四射的模樣而驚豔。

地球到太陽的距離約一億五千萬公里。光在太空（真空中）會以每秒三十萬公里的速度直線前進，因此光的傳遞會產生時間差。我們現在所看著的太陽，其實是八分十九秒前的太陽。即使太陽在此刻爆炸了，我們也必須經過八分十九秒，才有辦法發現這個事實。

參宿四在二〇一九年十二月時因亮度急遽轉暗而引發討論，這顆在獵戶座裡明亮閃耀的恆星，竟然減光到跟二等星差不多的程度。比較性急的人為此興高采烈，認為這可能是參宿四終於要超新星爆發的前兆；不過由於參宿四原本就是發光狀態不穩定的「變星」，其實在過去也曾多次降低亮度。但可以確定的是，參宿四是不容我們忽視的焦點恆星。

還有許許多多顆恆星，都像參宿四一樣，位在數百光年範圍內，並有可能面臨超新星爆發。假使近距離的恆星產生超新星爆發，地球會遭受怎樣的損害呢？

超新星爆發，也是這個宇宙中各種元素生成的瞬間。在光芒超過十億倍太陽亮度的戲劇性爆炸瞬間，恆星內的元素會逐步融合成其他元素，在爆發過後，一切物質有可能都被吹跑，另一種可能，是中央處會留下中子星，而如果恆星夠重，則可能在中心形成黑洞。事實上，超新星爆發的機制仍有許多未解之處。但當下所釋出的放射線強度，是無窮無盡的。

地球上的生命約在三十八億年前誕生，在地球歷史上，經歷過許多次大滅絕。最近一次大滅絕，如大家所熟知的，是在六千六百萬年前的中生代白堊紀末，由直徑大約十公里的小行星或彗星撞擊地球所引發。當時，除了眾多的恐龍物種，據說地球上共有六六％的物種滅絕。

另一方面，發生在四億四千四百萬年前古生代奧陶紀末的大滅絕，則使原本在海中欣欣向榮的珊瑚、鸚鵡螺、三葉蟲等節肢動物，大部分都絕種。估計當時海洋無脊椎動物有五七％的屬（生物的分類階層）滅絕了。推測這次大滅絕的原因，可能是鄰近恆星的超新星爆發，由於這已是遙遠過去的事件，因此無從得知是哪顆恆星。但有一群研究者則推論，來自太空的大量放射線，尤其加馬射線，可能導致這次的物種滅絕，理由如下。

調查了阿根廷一個山谷的地層之後發現，在比四億四千萬年還更古老的地層中，同時存在著棲息於海洋深處的生物化石，以及棲息於淺水處的生物化石。相對的，調查大滅絕過後新時代的地層，則只發現了棲息在深海的生物化石，這表示，大滅絕只影響到住在淺海的生物，至於原因，推測是因為放射線在抵達深海之前就已經被海水吸收。這些放射線可能來自太陽產生的最強超級閃焰，但也可能是太陽系附近的超新星爆發所產生的放射線。

那麼，參宿四的超新星爆發，會將我們逼向死路嗎？答案將在下一個單元揭曉。

最近左肩好像變輕了……
該不會參宿四正面臨超新星爆發？

04 加馬射線暴引發大滅絕？

特超新星爆發

地球在四億四千四百年前的奧陶紀尾聲，據推測曾發生過超新星爆發，如果這件事再次發生，可能會有超過人類致死劑量的加馬射線從天而降。這番恐怖的現象，是大質量恆星在超新星爆發時，所產生的「加馬射線暴」。

一九六七年，美國用來監測核子實驗的船帆座衛星（Vela）探測到了來自宇宙的加馬射線突發現象，在數秒到數小時之間，加馬射線爆發性的釋出。目前為止，所有的加馬射線暴都發生在銀河系外側，這是宇宙中已知規模最強大的能量釋放現象。當恆星質量極大，臨終時發生的爆發現象稱為「特超新星爆發」（Hypernova），此時會釋出強烈的加馬射線，並且它不是朝所有方向發射，而是

加馬射線暴的想像圖

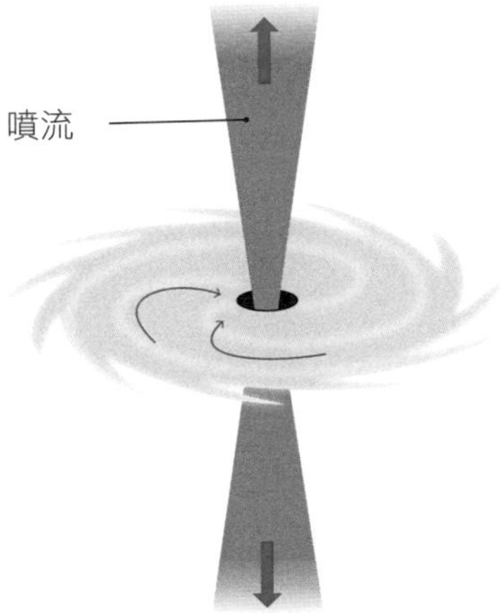

像上圖那樣，從恆星自轉軸兩端約兩度夾角的範圍，釋放出束狀的噴流。

如果地球位在那夾角兩度的方向上，就很糟糕了；幸好，參宿四的自轉軸跟地球錯開了大約二十度，因此，就算參宿四真的發生加馬射線暴，也不會傳到地球上。另外，參宿四是約二十倍太陽質量的恆星，因此不少天文學家預測，參宿四即使發生超新星爆發，也不會演變成最強大的特超新星爆發。

目前並不需要害怕參宿四在超新星爆發時，人們會被加馬射線暴給燒死。不過，近期有可能發生超新星爆發的恆星，可不只有參宿四一顆。

重達三十倍太陽質量的巨大恆星，有發生特超新星爆發與加馬射線暴的風險。而且近年已觀測到，不僅是特超新星，包含中子星合併等天文現象中，同樣會有加馬射線暴。加馬射線暴會以光速到達地球，因此很難在事前示警避難。

雖然很基本，但仔細的觀測天體，監測各顆潛在恆星的光譜變化情形是很有必要的，而理論研究同樣也很重要。建構出超新星爆發（尤其是特超新星爆發）、中子星合併的機制等物理模型，都是很重要的天文學研究課題。

必須趕緊建構出特超新星爆發、中子星合體的理論模型才行。
好忙~~~!!

05 外星人會攻打地球人嗎？

位於適居帶，如地球一般的行星

從很久以前，人類就預想有外星人存在。例如，在西元前四世紀很活躍的古希臘哲學家伊比鳩魯（西元前三四一～前二七〇年），就曾在信中寫到：「我們在這個世界所看見的生物，應該也存在其他世界」。這顯示在他的想法中，並不認為地球在宇宙中是唯一獨特的天體。

不限於哲學家或科學家，也不限於科幻小說和科幻電影的世界，外星人總是能虜獲人心。現今距離文明發祥、天文學萌芽已經有數千年；距離望遠鏡發明已經四百年；進入人造天體能夠直接探勘地球大氣層外及行星的時代則已六十年。

但很不可思議的，在地球外頭，別說外星人（智慧生物）了，就連細菌等微生物

太陽系系外行星每年發現數量的趨勢

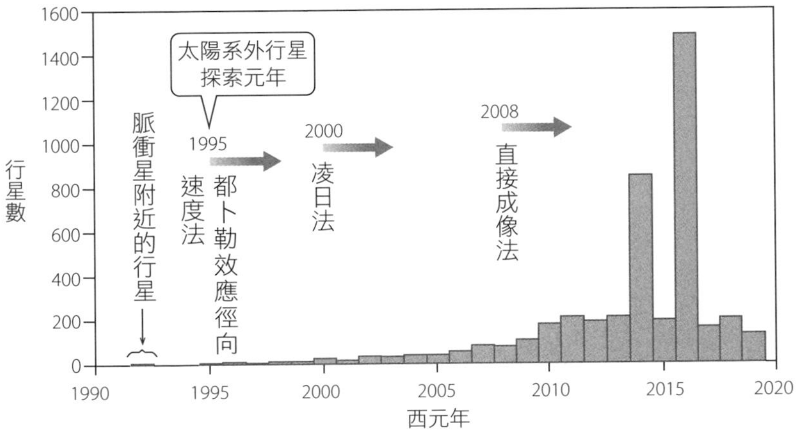

※製表時間為2019年10月22日

都還沒找到。

另一方面，自一九九五年起，人們在太陽系以外接連發現許多行星（太陽系外行星），目前數量已經有四千多顆。

在早期發現的許多系外行星，都是直徑達地球數倍以上、如木星一般的氣體巨行星；隨著研究進步，我們也開始找到如地球大小的行星，以及存在於適居帶、表面可能有海洋的行星了。

「適居」的意思是適合居住，科學家把那些跟恆星之間有適宜的距離、星球表面有液態水的區域，稱為

克卜勒衛星所發現，位於適居帶的類地行星

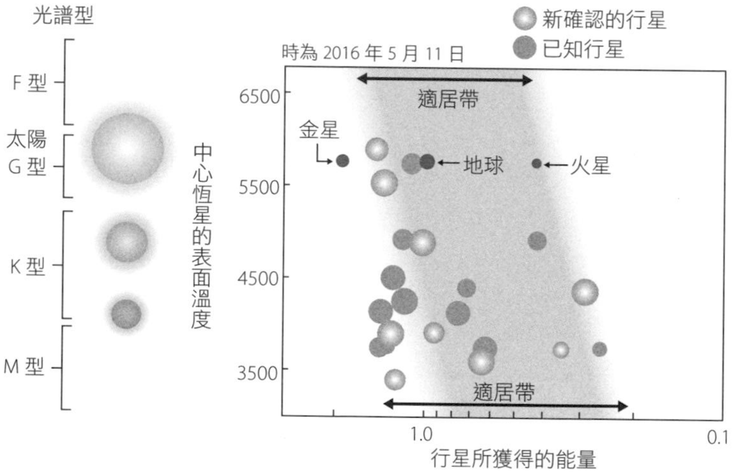

適居帶。

目前已確認到大約二十多顆位於適居帶的類地行星，足以稱為「第二地球」。二十顆左右這個數字，跟總數四千多顆相比，顯得極為稀少，這是因為就算找到了系外行星，也很少能夠測得它的直徑和質量、推斷出密度，因此已確定的是二十多顆，但也可能還有其他具備生命的潛力天體。

追尋地外生命的蹤跡

不過，就算使用目前位於地面上的昴星團望遠鏡等大型望遠鏡，或者哈伯太空望遠鏡等太空望遠鏡，想要

調查行星表面是否有水，甚至於是否有植物、動物等生命，技術仍受限。想尋找生命，需要更大的望遠鏡。在二〇二〇至三〇年代，人們將逐步建造完成新世代超大型望遠鏡，可用來確認生命存在，而專門用來探測生命的太空望遠鏡也正計畫建造中，因此幸運的話，在往後十到二十年間，我們或許就能取得地外生命的確實證據。不限於天文學家，有許多人也懷抱著這樣的夢想，衷心支持天文學的發展。

不過要注意的是，就算找到了地外生命，也不等於找到了外星人。我們還不了解像人類這樣的智慧生物的出現頻率以及誕生的條件；智慧生物的存活期間也令人憂心。人類稱得上「智慧」的時日，又或者我們所想嘗試交流的「智慧」層級，在四十六億年的地球歷史之中，在大約七百萬年的類人猿歷史當中，或說在數千年的文明歷史當中，不也只存在了這短短數百年左右的長度嗎？而且，地球上的文明在未來有一天可能會崩潰，所面臨的不安日漸增加：全球暖化，人口增長導致水、食物、能源資源枯竭，核子戰爭與核能意外，貪婪的資本主義者和個人主義者增加等等。假如地球上的人類，還有宇宙裡的眾多外星人（智慧生物）

的生存期間都很短暫，那麼在這永遠無法倒帶的宇宙時間軸上，就算我們能夠找到外星人的蹤跡或化石，也無法遇見活生生的外星人。

系外行星「比鄰星b」有智慧生物嗎？

假設有外星人現正住在銀河系裡的一顆行星上，這顆行星繞著我們太陽系鄰近的一顆恆星公轉。那麼這些外星人會跑來攻打地球嗎？順帶一提，經過探測器的實際調查，我們已經確認，在太陽系中，包括太陽、水星、金星、火星、木星、土星、天王星、海王星、某些小行星和某些彗星，以及位在太陽系遠處的冥王星，跟更遠處的小行星，都沒有智慧生物存在。不過，在火星、木星、土星的衛星之中，則不可否認，可能存在著如細菌一般構造簡單的生命體。

離太陽系最近的恆星，是半人馬座 α 星「南門二」。南門二是在南十字星附近閃耀的一等星，在日本難以看見★，屬於南半球代表性的恆星。經過詳細觀測，已知這顆恆星並不是像太陽那樣的單星，其實是三顆恆星互相環繞的三合星系統。目前，距離太陽系最近的恆星是半人馬座 α 星C，或稱為「比鄰星」的紅矮星。紅矮星這種恆星比太陽輕、亮度也更低，表面溫度較低，閃耀著紅光。比鄰星距離我們四·二光年，事實上，二〇一六年，就在比鄰星附近，發現了大約等同地球尺寸且位於適居帶的行星。這顆系外行星被稱為比鄰星b，質量為地球的一·三倍，在距離恆星比鄰星七百五十萬公里之處，以十一·二天的週期公轉。比鄰星b表面有機會存在液態水，但是比鄰星是屢次發生超級閃焰的危險恆星，比鄰星和比鄰星b之間的位置又很靠近，因此，在恆星強烈放射線的影響下，生命真的有可能誕生嗎？有人對此打上了問號。

但如果我們暫且拋開現實條件，試著夢想一下，假使這顆行星上居住著能力雖不到超級賽亞人，但也足以淩駕地球人的外星人。那他們會跑來攻打地球嗎？答案是不會。因為對肉身的生物而言，四·二光年的距離實在太遠了。

人類在一九七七年發射了航海家1號和2號，當然都是無人太空船，裡頭還

★編註：在臺灣有機會看到南門二，但很靠近地平線。而在北緯29°以北的地方，南門二永遠不會升到地平線以上，所以看不到。

航海家探測器

放了想要傳遞給外星人的訊息。離開地球最遠的人造物體航海家1號，跟地球間的距離約是一百五十個天文單位。天文單位（au）是太陽系內使用的距離尺度，1 au等於太陽－地球間的平均距離，一億五千萬公里。換句話說，即使漫遊太陽系已經超過四十年，航海家1號根本也才脫離地球差不多兩百億公里而已，要抵達太陽系的邊界，還有一兆公里以上的路程要走。一光年等於九兆五千億公里，因此到比鄰星b約有四十兆公里。就算航海家1號朝著比鄰星b直線前進，從地球啟程後也要花費八萬年之久，

航海家1號、2號的位置

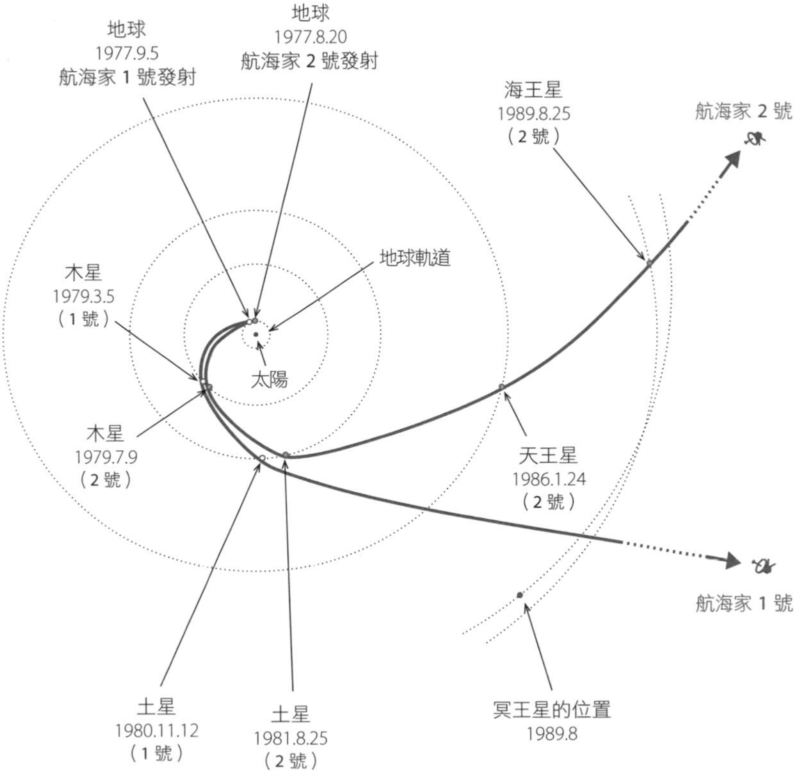
地球
1977.9.5
航海家 1 號發射
地球
1977.8.20
航海家 2 號發射
海王星
1989.8.25
（2 號）
航海家 2 號
地球軌道
木星
1979.3.5
（1 號）
太陽
木星
1979.7.9
（2 號）
天王星
1986.1.24
（2 號）
航海家 1 號
土星
1980.11.12
（1 號）
土星
1981.8.25
（2 號）
冥王星的位置
1989.8

才能走完這個距離。哪怕比鄰星b的外星人的科技比我們進步，但肉身生物的壽命終究有其極限。而且既然是生物，那麼體型大小是會有上限和下限的。壽命長達數萬年的智慧生物，是遠遠超出想像範圍的形體，很不現實。

假如比鄰星b星人比地球人還要進步

但是，如果住在比鄰星b的外星人比我們地球人稍微進步一些，例如有機生命體是以矽構成主體的AI（人工智慧）電腦，它可以自行增殖，能進行代謝而生活，那麼它們攻打我們人類的可能性就不是零。如果是這樣的對手，只要設定好甦醒的時間，然後休眠，就算旅行數萬年，大概也不會覺得辛苦。不過，比人類聰明許多的AI，如果無緣無故就造訪地球，或刻意搭乘幽浮只為讓地球人吃驚，那可就完全沒道理了。相信外星人的造訪不會漫無目的，或者只是為了嚇地球人一跳。

另一方面，他們也有可能正從旁攔截地球上四·二年前的電視節目和廣播訊號。人類一直都在運用衛星播送訊號，因此無線電波不斷從地面朝著太空發射。

無線電波跟光一樣，都以秒速三十萬公里在星際中前進，假如比鄰星b星人建造了超高靈敏度的大型碟型天線（無線電波望遠鏡），持續觀測著地球，即使無線電波訊號很微弱，或許還是可以觀賞到日本NHK紅白歌唱大賽或世界盃橄欖球賽也不一定。換句話說，比鄰星b星人在此刻（編註：指原文寫作當時候），還不曉得日籍橄欖球員五郎丸步當下正在大顯身手，也不曉得二〇一九年是由日本舉辦世界盃橄欖球賽，而且還打進前八強。它們現在所享受的，會是四年前的紅白歌唱大賽。

外星人可能不會進攻，但地球人倒是有送出無人偵察太空船的計畫。稱為突破星擊（Breakthrough Starshot）計畫的民間項目，預計將微型探測器，送往離地球最近的系外行星比鄰星b。

這個雄心勃勃的計畫，預計透過奈米技術，在郵票尺寸的小晶片中裝載高感度相機、電腦、自動控制裝置等，預計花費二十年時間抵達比鄰星b。

為什麼連光和無線電波得走四·二年，火箭也得花費數萬年的路程，它只花二十年就能抵達呢？因為這部飛行器的優點，就是重量只有郵票那麼輕。

突破星擊計畫

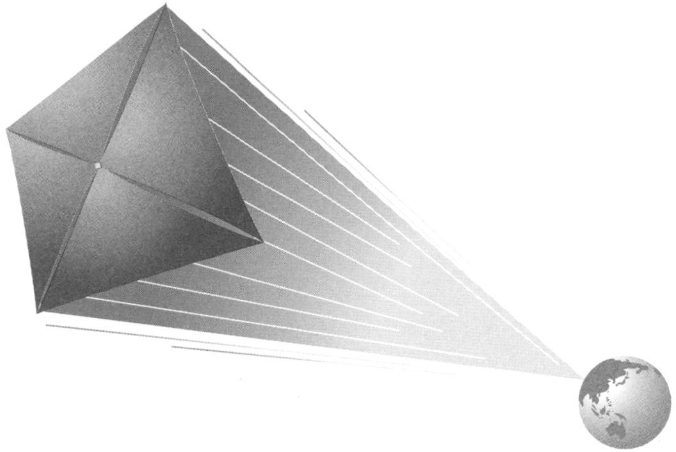

從地面上發射強烈光束（光壓），就可能將郵票大小的微型飛行器加速達到二〇％光速，這是一種「光帆太空船」技術。目前還不清楚能否實現，但推動計畫的民間人士將花費二十年時間做技術革新，再來，發射飛行器後需經過二十年抵達比鄰星b，由於最後是透過無線電波將資料和影像傳回來，因此要再經過四．二年的時間才能抵達地球。也就是說，假如開發成功，從現在算起的五十年內，我們拍攝到的比鄰星b面貌，就可以傳回地球。

那裡究竟有怎樣的世界在等著我

們呢？

人類用長達五千年的時間在天文領域「觀天解文」，這次則「對天送文」，將郵票大小的微型探測器當成信件送向宇宙。對所有人來說，這是滿載夢想的一項計畫。

06 膨脹的太陽會吞噬地球？

太陽系的尾聲，地球的終結

研究恆星和宇宙，絕不是跟世間脫節。看著宇宙，總會深深感到「地球真是一個美妙的星球！」在宇宙中，光是地球的存在這件事情，就已經是個奇蹟。宇宙正如何變化？其他星球上也有生物嗎？宇宙是怎麼孕育出生命的呢？天文學就是要解開這類基本的謎團。

在現今這個進入解謎的時代，每一個人的生活方式與思考方式，社會所應前進的道路，一定會得到某些啟發。讀到這裡，我想許多人心裡應該有底，宇宙中的恆星就跟地球上的生命一樣，有各自一生的演變，最終也會迎向生命的終點。

在夏威夷毛納基山（海拔四二〇五公尺）的山頂，聚集了世界各國具代表性的大型望遠鏡。一九九九年這裡建造了昴星團望遠鏡，是日本科技的結晶。

讓我們再次回顧由昴星團望遠鏡所拍攝，在一〇五四年發生超新星爆發的恆星最終的模樣（第一〇七頁）。比太陽重了許多的恆星，最後會發生超新星爆發，結束一生。

另外，等同太陽大小的一般恆星，則不會歷經超新星爆發。太陽目前的年齡是四十六億歲，它的壽命大約有一百億歲，如果比擬為人類，目前就是四十幾歲。恆星的壽命跟它的質量有關，愈輕盈的恆星就愈長壽，太陽是長命百歲的恆星之一。

那麼，當太陽一百億歲的時候，會發生什麼事情呢？它將會膨脹得胖嘟嘟的，逐漸向外擴張，周圍環繞著行星狀星雲；接著，太陽的身體會緩緩釋放到太空中，燃燒成餘燼；而太陽的中心，則會變成像顆種子一般的小型白色星體（白矮星）。

恆星在生命尾聲，內部的氣體和塵埃將拋向太空。這些物質會再次集結，並從集合體中孕育出新的恆星，不僅如此，通常也伴隨著行星誕生。

恆星的一生

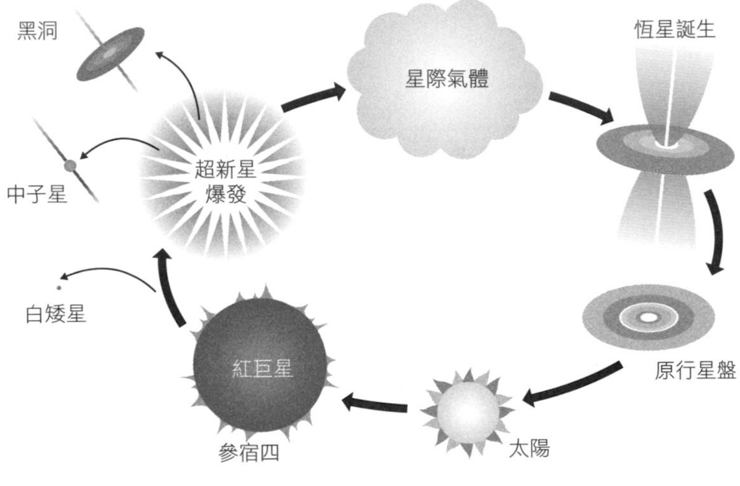

如果是較重的恆星，在超新星爆發過後會留下中子星或黑洞，爆炸過程中，會產生各式各樣的元素。我們身體的成分除了氧、氫、碳、氮之外，還包括鐵、磷、硫等多種元素，這些元素可能是在恆星內部生成，或者在超新星爆發、中子星合併等反應下製造出來，沒有超新星爆發，我們的生命就不會存在。

一百三十八億年前，隨著大霹靂，宇宙從極小的空間誕生出來，經歷過無數次的超新星爆發，到了四十六億年前，形成了太陽和地球，也就是我們的太陽系。如果從元素的層級來思考，我們名符其實是一群「星星之子」，這些元素在四十六億年前一同在太陽系中誕生，我們在元素的層級上，跟宇宙彼此相連。

如果太陽不穩定，地球上的生命就無法存在

如果換算成人類的壽命，太陽目前大約處於四十歲中期，正值壯年期。太陽實際的年齡是四十六億歲，當然，跟人類等地表上的生物相比，顯得極為長壽，根據推估，太陽應會持續發光到約一百億歲為止。不過，我們並沒有確切的證據，保證太陽會一直穩定維持相同亮度。

太陽在大概五十億年後將轉變成紅巨星，此時會反覆發生不規則的增亮和減光，變成一顆輻射不穩定的恆星。成為巨星的太陽將散發強烈能量，令地球表面溫度上升；而不穩定的太陽輻射，應會令行星的環境變成生命無法存在的狀態。

晚年不穩定的太陽，表面會頻繁產生爆發現象，平穩的狀態已成了歷史。這麼一來，地球上的生命還會面臨另一件更嚴重的情況。

那就是，當太陽膨脹到金星軌道附近時，地球因為跟太陽間的重力平衡的緣

故，將會逐漸移動到更遠離太陽的位置。這個情況會導致地球的平均氣溫降到負數，不像現在這樣，可接收到充足的太陽能量。

到時候地球會轉變成跟現在全然不同的另一個世界，表面的海洋會乾涸；地球內部的結構冷卻，地心的外核部分將從液體轉為固體，影響「發電機機制★」，也就會失去地球磁場的屏障。地球就會像現在的火星那般冰冷，成為一個大氣稀薄、沒有磁場的死寂行星。

★編註：地球磁場的形成理論之中，有一項發電機機制。地球內部的外核成分中具有導電金屬，它的對流運動會產生電流，而電流的流動又會形成磁場。

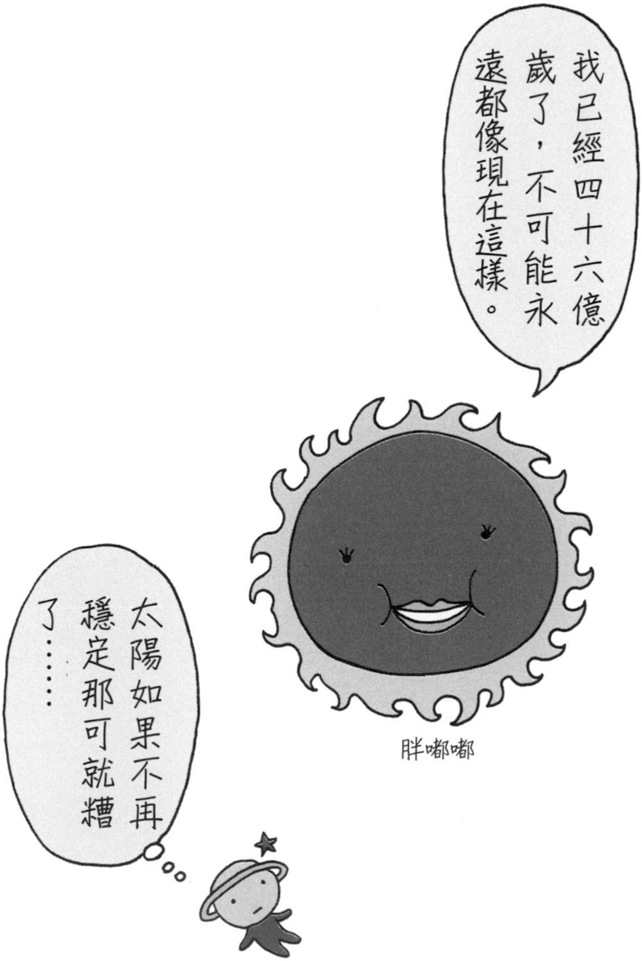
我已經四十六億歲了，不可能永遠都像現在這樣。
太陽如果不再穩定那可就糟了……
胖嘟嘟

07 宇宙中的暗物質之謎

宇宙是黑暗的世界

仰望夜空，有人為那無數的閃耀星星而著迷，但據說也有人覺得，星星之間那深邃的黑暗很可怕。我想對人類而言，面臨黑暗確實是最害怕的時刻，人們本能上厭惡黑暗，喜愛光明。

宇宙的確是黑暗的世界。身在地球的我們，之所以能在白天過著明亮的生活，都要感謝地球的大氣將太陽光往四面八方散射，點亮了整片天空。

我們鄰近的天體——月球，上面沒有大氣，月亮的白天受到太陽照射，表面會非常明亮，但是若仰望空中，卻只有太陽會像顆聚光燈一樣發出光芒，而背景的整片天空都是黑暗的。另外，雖然在星際間航行的太空船，可觀察到遠方無數的群星，就像在地球上看到的一樣，但可以想見，駕駛艙外頭的風光是一片漆黑。對害怕黑暗的人而言，這樣的宇宙旅程可能會變成一趟苦行。

外太空的黑暗世界中所潛藏的暗物質和暗能量，如今備受矚目。暗物質的英文是Dark Matter，暗能量則是Dark Energy，這兩項東西支配著宇宙，在後面會進一步說明。這樣說來，宇宙確實是個黑暗世界。

謎樣的暗物質在何方？

暗物質是在一九三〇年代被預測存在的謎樣物質，它跟一般物質一樣，彼此之間（跟一般物質之間、跟暗物質之間）會產生重力效應，但它卻完全不會釋放出電磁波。另外，就算承受了電磁波，也完全不會產生任何反應。換句話說，這是完全無法透過光或電波來觀測，身分未明的不可見物質。

那麼讓我來說明一下宇宙的整體構造吧。地球是太陽系第三顆行星，而太陽系位於銀河系這個包含了數千億顆恆星的大集團的邊緣位置。從正上方觀看銀河系，會看見它如颱風般繞成漩渦狀；從側面觀看，形狀則像是哆啦A夢最愛吃的

以本星系群為中心所描繪的室女座超星系團（本超星系團）

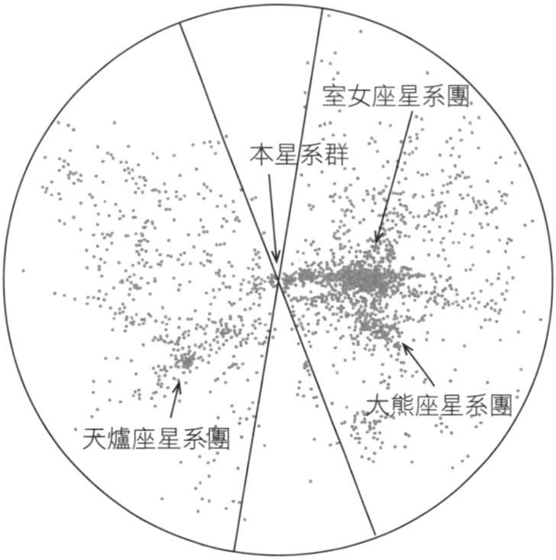

銅鑼燒。

在銀河系的中央，存在著重達四百萬倍太陽質量的超大質量黑洞。太陽系距離中央處大約有兩萬六千至兩萬八千光年之遠，位在稱為「獵戶座旋臂」的銀河系螺旋臂上。

宇宙中有各種星系，既有銀河系這樣的螺旋星系，也有不具旋臂的橢圓星系。就跟我們人體是由數十兆個細胞所組成一樣，我們居住的宇宙，同樣是由超過數千億個星系集合而成。星系是宇宙的基本構成單位。

不過，細胞經常彼此接觸，星系之間卻是少有接觸；在星系和星系之間，通常橫亙著什麼東西都沒有的星際空間。雖然眼睛看不見，但在那之中存在著暗物質。

星系的分布，基本上就像人類建立村落一樣，數百個星系聚集在一起，形成星系團；而村落跟村落可以合併成一個鎮，或者更多人集中在一起，就會變成都市，比星系團更大的星系集團，稱為超星系團，包含了上千個星系。所有星系的分布，稱為宇宙的大尺度結構。

暗能量占宇宙成分的六八%

宇宙在一百三十八億年前因大霹靂而誕生，之後一直在持續膨脹，但隨著宇宙不斷演化，在宇宙中的暗物質密度較高之處，因重力關係而使暗物質逐漸聚集，最後形成現在這樣由星系構成立體網格狀的「宇宙大尺度結構」。

在暗物質較為濃密的地方，也聚集很多眼睛可見的一般物質（重子），在宇宙成形初期，相繼誕生出恆星和星系。綜觀整個宇宙的物質和能量，目前宇宙的成分中約有六八%是正在令宇宙加速膨脹的謎樣能量「暗能量」，約有二七%

暗能量和暗物質的比例

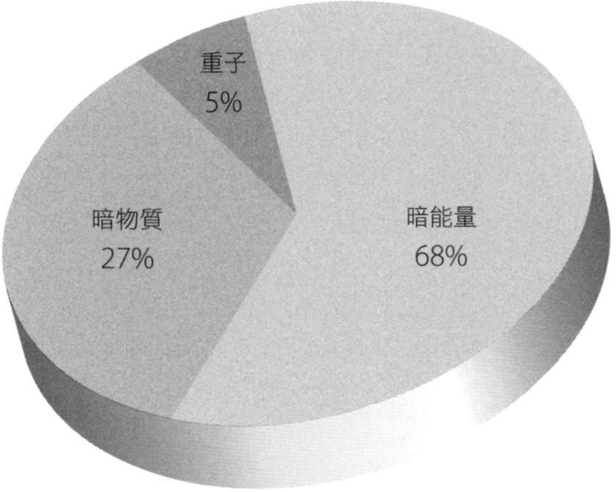

是「暗物質」，而普通的「元素（重子）」僅有五％左右。

宇宙的大尺度結構，顯示了支配著宇宙的重力分布，也就是重子＋暗物質的分布。前面談到宇宙是由星系所組成，但那僅是指表面上的宇宙；事實上是眼睛看不到的暗物質，在支配宇宙的結構。暗物質雖然無法看見，含量卻是一般物質（重子）的五倍以上，它是尚未揭開廬山真面目的重力源。

在宇宙形成初期，暗物質的活動，使宇宙中各處的氫原子被吸引在一塊，形成更大的一團，接著依序形成了恆星及早期的小型星系。一開始的星系分布比較均勻，之後星系之間也彼此吸引拉近，逐漸結合成星系團、超星系團等結構，演變成現今宇宙中不均勻的星系分布。

我們身邊也有暗物質存在

在我們身邊，當然也存在著暗物質。不過，目前除了仰賴重力，人們並沒有其他方法能夠發現暗物質。在日常生活中，似乎完全沒有必要擔心暗物質，但畢竟名字裡有個「暗」，相信有些人還是稍感憂心。

不過，只有在星系的層級，才有必要去擔心暗物質；就人類、地球和太陽系的尺寸來看，並不需要在意。

銀河系整體好像颱風一般繞著中心在旋轉（自轉），還有數條旋臂的結構，假如以平常可見的恆星、氣體、塵埃分布來計算，照理說所有的旋臂在旋轉的瞬時間（數億年左右），就會聚合成同一條才對。另一方面，銀河系約在一百二十億年前就已形成，因此這兩者產生了矛盾。

不過，從銀河系中心一直到十萬光年長的旋臂外側，其實存在五到十倍眼睛所看不見的暗物質，假設暗物質跟恆星等重子之間都會產生重力拉扯，就可以用來解釋，目前銀河系為何能夠穩定旋轉了。

科學家現正努力的想解開黑暗世界的謎底。

最初，人們認為暗物質的候選者，可能包括「熱暗物質」和「冷暗物質」兩類，可能還有一種介於兩者之間的「溫暗物質」。藉由理論和觀測雙管齊下，人們逐漸逼近真相，目前已知，冷暗物質符合各類宇宙觀測數據。具體而言，人們認為冷暗物質應是具有重力、不跟電磁波產生反應的未知基本粒子。目前全球各地持續進行著實驗，希望能夠直接檢測出這種未知的基本粒子，讓我們期待，能在二〇二〇年代，揭露暗物質的真正身分。

08 掌控宇宙命運的暗能量

跟重力方向相反：暗能量

前面單元介紹到，我們的宇宙是由各種天體、氣體、塵埃等一般物質（重子），還有暗物質、暗能量所組成的。在這之中最神祕難解、最可怕的角色，就是暗能量。

宇宙為什麼會在一百三十八億年前誕生呢？而往後宇宙又會迎接怎樣的結局呢？想明白這些事，關鍵就在於能否解開暗能量之謎。比起黑武士（電影《星際大戰》中的大反派）或暗物質，暗能量絕對更加恐怖，或許稱得上是宇宙中的恐怖大魔王。

不同於重子和暗物質，暗能量具有跟重力方向相反的力（即斥力，彼此排

三十公尺望遠鏡TMT的完工預想圖

斥的力），是一種完全陌生的能量。因為宇宙當中，比起具有重力的重子＋暗物質的總量，具有斥力的暗能量更是多，所以使得宇宙正在膨脹，不僅如此，目前也已揭開一個可怕的事實：早在距今約六十億年前，宇宙就在加速膨脹了。

暗能量的真面目究竟是什麼？雖然各種理論眾說紛紜，但所有假設都還停留在想像的程度，尚未透過實驗和觀測證實。期待往後能有更多的研究進展。

要了解暗能量，首先需要釐清暗能量的性質究竟是保持常態不變；或者是總會因為受到某些影響，而使強度發生改變。若是前者的情況，我們可以用愛因斯坦的「重力場方程式」中，添加的「宇宙常數項」來表示暗能量；若是後者的情況，暗能量則可能是在某些因素下會活化的未知基本粒子。人們正以各式各樣的方法，摸索它的結構。

由日本國立天文臺跟美國、加拿大、中國、印度合力建造的三十公尺望遠鏡（TMT，Thirty Meter Telescope，口徑三十公尺的新世代極巨大望遠鏡），其中一個主要的觀測項目，就是要捕捉暗能量隨時間所產生的變化。

TMT是一個雄心勃勃的計畫，目標是運用它超群的聚光能力，細膩的觀測遙遠星系，來了解宇宙膨脹隨時間產生的改變。如果這項觀測能夠成功，相信我們就能明瞭，在宇宙演化過程中，暗能量一路產生了怎樣的變化。

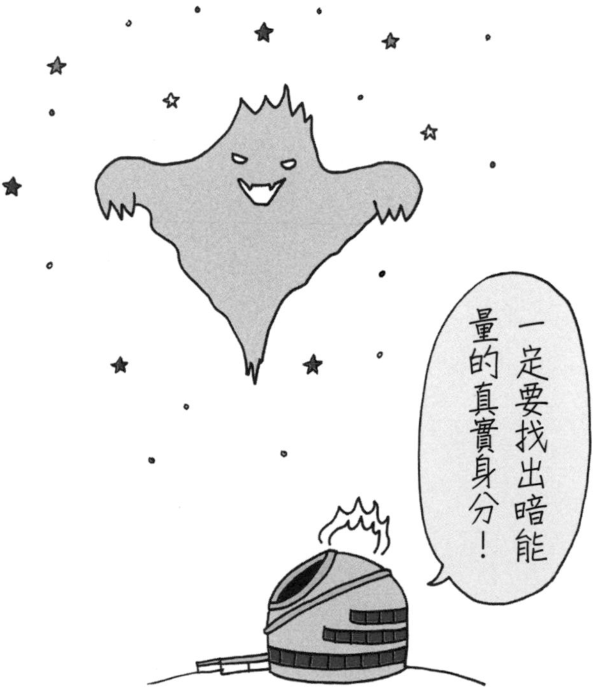
一定要找出暗能量的真實身分！

Part 3

宇宙的未來令人害怕

01

仙女座星系會跟銀河系對撞？

遠在天邊的鄰居：兩百三十萬光年遠的仙女座星系

我們的太陽系，位於銀河系這個恆星大集團之中。

銀河系兩端的距離大約是十萬光年，在更外側還有著眼睛無法看見的暗物質正在擴散。從太陽系到銀河系中心，距離是兩萬六千光年；離太陽系最近的恆星是半人馬座的比鄰星，距離我們四·二光年。我們熟知的大多數星座的恆星，幾乎都位在數光年至數百光年外的遠方，像是織女星在二十五光年外，獵戶座的參宿四則在六百四十光年外。恆星各自具有不同特性，有些是巨大的巨星，有些是小小的矮星。巨星會釋放出許多能量，因此就算距離遙遠，我們也能用眼睛確認到它們存在。

昴星團望遠鏡拍攝的仙女座星系 M31

照片來源：日本國立天文臺

跟織女星（天琴座的織女一）、牛郎星（天鷹座的河鼓二）一同組成夏季大三角的天鵝座天津四，推估距離地球達一千四百光年的距離。在一等星當中，天津四是距離地球最遙遠的恆星。事實上，我們一般肉眼可見的恆星，全都位在銀河系內。

而我們肉眼可見最遙遠的天體，則是隔壁的仙女座星系（兩百三十萬光年外）。只要天空清澈且黑暗，一般人都能用肉眼確認它的存在。用星座的模樣來說明，秋季的代表星座仙女座，是「仙女」安朵美達公主，在她的腰間有一個看起來如米粒大小的模糊光團，那就是仙女座星系，還真的是「越光米」★的光呢。光子從仙女座星系的位置開始出發，在宇宙中旅行了兩百三十萬年後，到了今天進入大家的眼中。兩百三十萬年前，各位會在哪裡呢？來自仙女座星系的光，令人回想起我們人類祖先的壯闊旅程。

七十七億人類的共同祖先，原本是在樹上生活，隨著演化改成用雙腳步行。根據近年人類學的研究成果，人類開始在非洲大地上行走是在七百萬年前，因此到了兩百三十萬年前，或許人類已經在另一塊大陸上行走了。

我們智人這個物種的體內，也就是數十兆個細胞之中，還留有當時的記憶。開始步行的人類祖先所攜帶的遺傳資訊，化為「記憶」保存在基因（ＤＮＡ）之中，一路演化到了今天。我們的ＤＮＡ跟猴子、黑猩猩的祖先其實也有連結，你跟旁人的基因序列（基因組），只有大約○・一％的差異，幾乎一模一樣；黑猩猩跟人類的基因組也有九八・五％相同，紅毛猩猩則是九七％相同。

我們人類繼承了共同的基因，為什麼有人卻要相仇相殺呢？看著仙女座星系，大家是否會想起，人類其實擁有共同的祖先呢？

讓我們試著將宇宙誕生後的一百三十億年，比擬成一年的日子。一月一日是大霹靂；二月十四日情人節是銀河系誕生；八月三十一日則是地球在四十六億年前誕生；九月下旬，地球上孕育出生命；十二月二十八至三十日左右，恐龍正在陸地上行走；十二月三十一日晚上八點左右，類人猿（南方古猿）終於出現了，然後，距離今日此刻只剩下短短四小時。我們就算能活到九十歲，不過也才認識了這個世間〇·二秒而已。

人類的偉大，在於用這微乎其微的時間，逐漸明白了悠長而浩瀚的宇宙。正因為在地方、家庭、國小、國中、高中、大學，然後是公司和社會中，都有著「傳承」，我們才能學習和明瞭各式各樣的事物。相互傳承文化／文明、宇宙／大自然的模樣，使我們彼此聯繫。我們都在這個社會中一同前行。

★譯註：此為日語的諧音幽默，腰間（コシ）如米粒大小的光（ヒカリ），跟日本水稻品種越光米（コシヒカリ）發音相同。

仙女座星系和銀河系彼此牽引

然而，仙女座星系有一件恐怖的事，那就是它正悄悄靠近銀河系。包括仙女座星系M31和三角座的螺旋星系M33（距離地球約三百萬光年）等銀河系鄰近的星系集合體，稱為「本星系群」。銀河系的伴星系——小型的不規則星系大麥哲倫星雲（十六萬光年）以及小麥哲倫星雲（二十萬光年），也都是其中成員。

仙女座星系和銀河系位於本星系群的中心。這兩個星系的大小、形狀都很神似，簡直就像在《冰雪奇緣》中登場的姐妹艾莎和安娜，而仙女座星系稍大一些，有著姐姐的氣場。而這兩個星系打從心底互相吸引——因為兩個星系間交互的引力非常強大。

宇宙中的所有物質，包括暗物質在內，都遵從萬有引力定律，這代表，引力跟兩個物質的質量乘積成正比，跟兩物體之間的距離成反比，因此，沉重的星系更容易彼此吸引。在天文學中也會將引力稱為重力，在閱讀天文學書籍時，只要知道引力＝重力即可。

實際上，觀測仙女座星系的運動情形會發現，比它更遠的星系全都隨著宇宙的膨脹，朝著遠離地球的方向運動；相反的，我們附近的仙女座星系，卻朝著接近地球的方向移動。仙女座星系跟銀河系的距離是兩百三十萬光年，它們什麼時候會撞在一起呢？

仙女座星系目前正以每小時四十萬公里左右的速度接近我們，目前預測在大約四十五億年後，就會撞上銀河系。

宇宙中到處有星系相撞

所以相撞之後會發生什麼事情呢？仙女座星系的恆星會撞進太陽系嗎？這簡直就像恐怖大魔王從天而降。但其實也不必這麼擔心，我們不用自尋煩惱。

這是因為星系裡的恆星密度非常小，就跟在歐洲大陸上有著三隻蜜蜂那樣差不多的稀疏。所以，雖然不清楚到時候兩個星系是會正面碰撞，或在互繞之後逐漸重合，不論哪種情況，大部分的恆星彼此都會擦身而過。不過，整體而言它們還是會受到重力的影響，因此目前推測，在來來回回穿過彼此好幾次之後，它們將會成長為一個巨大的橢圓星系。

放眼宇宙，會發現其中有許多像這樣星系相撞的場面（星系碰撞），以及在撞擊後成為體積變大、沒有旋臂的大型橢圓星系。我們並不知道，從現在直到四十五億年後，太陽和地球是否能維持一樣穩定的環境和狀態，但如果到時人類還存在，相信所見到的星空應該會變得更加華麗，在兩個星系完全合為一體之前，都能長年欣賞到有著兩條銀河的華麗夜空。

夜空雖然很漂亮……
但地球會不會出事啊……

02 宇宙正詭異的加速膨脹中

宇宙也無法直到永遠

假設宇宙是靜止的、穩定的、永恆的存在，我們內心可能會感覺比較舒服。然而，它現在的狀態令人惴惴不安——就像人類有一定的壽命，太陽也有一定的壽命，到了最後某個時刻，地球上的生物可能會全數滅絕；包含宇宙本身也是動態的，總有一天會走向終點。

宇宙從一百三十八億年前的大霹靂中誕生，之後都在持續膨脹，而令人驚訝的是，距今約六十億年前，它開始加速膨脹。但人們並不清楚箇中原因。

從大約一百年前，直到二十世紀初期，科學家都相信宇宙是靜止和永恆的。愛因斯坦在一九一五年發表廣義相對論，然後在一九一六年發表愛因斯坦重力場方程式；有幾位科學家透過這個方程式，察覺到宇宙正在膨脹。

例如，荷蘭的德西特在一九一七年指出，假如宇宙會收縮到特定的大小，那麼當它收縮到極限時，之後可能會再度膨脹，然後逐步擴張到無限大（德西特宇宙模型）。

威廉・德西特
（1872~1934）

前蘇聯的弗里德曼則在一九二二年提出，宇宙既有可能膨脹，也有可能收縮（弗里德曼宇宙模型）。

亞歷山大・弗里德曼
（1888~1925）

此外，比利時的宇宙物理學家暨天主教神父勒梅特，在一九二七年計算愛因斯坦重力場方程式，他獨立推導出相當於弗里德曼宇宙模型的解（勒梅特宇宙模型）。勒梅特預測，星系遠離的速度跟地球與這個星系之間的距離成比例關係，求出了後來所稱的哈伯常數。

喬治・勒梅特（1894~1966）

愈遙遠的星系，會以愈快的速度遠離地球，換句話說，宇宙正在膨脹——美國的哈伯在一九二九年透過實際觀測，得出了這個結論。哈伯利用位在加州的威爾遜山天文臺的二・五米望遠鏡，替各式各樣的星系做光譜觀測（在望遠鏡上安裝分光器，拍攝並觀測天體的光譜），他根據光譜顯示出的紅移量（光譜往紅色方向偏移的量），指出愈遙遠的星系，遠離速度（退行速度）就愈快（唯獨仙女座星系等地球的鄰近星系除外）。

艾德溫・哈伯（1889~1953）

就連發表重力場方程式的愛因斯坦本人，在哈伯發現這項定律之前，都還深信不疑，認為宇宙是永遠不會變化、大小維持不變的。愛因斯坦為了避免計算出宇宙膨脹的結果，特地加入一個「宇宙常數項」來調整自己的方程式。不過，當愛因斯坦前往威爾遜山天文臺造訪哈伯，確認到宇宙膨脹的觀測事實後，對於他額外加入常數項的事情感到非常後悔。另外，彰顯宇宙在膨脹的這項定律，稱為哈伯－勒梅特定律。從此以後，人們明白了宇宙並非永恆不滅。

一般常識在宇宙中行不通

哈伯－勒梅特定律的發現，說明了宇宙正在膨脹。

不過弗里德曼也注意到，宇宙所包含的物質，都會對彼此產生重力效應；假設是某種能量造成了宇宙現今的膨脹，那麼隨著這種能量衰退，物質本身的重力總有一天應該會占上風，導致膨脹速度轉趨下降才對。

然而，一九九八年美國的波麥特（Saul Perlmutter）團隊，以及澳洲的布萊恩・施密特（Brian Schmidt）團隊，分頭且幾乎同時確認了這驚人事實：宇宙從大約六十億年前，就在加速膨脹了。

索爾·波麥特（1959~）

布萊恩·施密特（1967~）

這兩個研究團隊所關注的，是出現在遙遠星系，名為Ia型超新星爆發的天文現象。不同於前面曾介紹到的超新星爆發，是高質量恆星在生命終點所引起的現象（II型超新星爆發），Ia型超新星爆發，是由白矮星加上紅巨星的聯星系統所產生的超新星爆發。

當物理條件已到極限時，便會啟動這種爆發現象。無論Ia型超新星爆發在何時、何處發生，都會釋放出相同的亮度、相同的能量，正因為如此，只要能夠比較它的觀測亮度跟絕對亮度之間的差異，科學家就能計算出地球跟這個星系的距離。這兩個研究團隊，多年以來一直深入研究這個現象，在分析大量Ia型超新星爆發數據後，幾乎在同一時間發現了宇宙加速膨脹的事實。

暗能量使宇宙加速膨脹

這件事情顯示，宇宙中存在著某種令宇宙膨脹的力（斥力）。相對於運作在重子和暗物質身上的重力＝引力，科學家將這種會產生斥力的不明能量取名為暗能量。從這點來看，科學家們似乎有種傾向，當對事物摸不清頭緒時，不管是什麼都會取個「暗」字。

關於宇宙加速膨脹的原因，也就是暗能量的性質，目前我們一概不知。好像有點毛毛的吧。

愛因斯坦當初為了建立靜態的宇宙模型，而在重力場方程式中所導入的宇宙常數項，可以說也預言了暗能量的發現。因為，如果宇宙常數是正值，就說明了斥力的效應遍布整個宇宙。假設存在合適的宇宙常數數值，我們就能夠說明宇宙的加速膨脹，而不會跟觀測結果有所矛盾了。但是，這也不過是紙上的計算過程，人們基本上還沒有得出任何結果。

有些研究者把暗能量跟「真空能量」放在一起探討。在量子物理學的理論中，宇宙誕生時需要真空能量（零點能量）。然而目前發表的結果卻是，暗能量（也就是宇宙常數）的實際觀測值，遠比計算應有的真空能量數值，還小了一百二十個位數。

宇宙加速膨脹的原因，除了真空能量之外，目前還有各式各樣的推論，但每一種說明仍然不夠充分。暗能量實在是一大謎團啊。

03 宇宙的壽命剩下幾年？

宇宙再膨脹下去，會發生什麼事？

目前的宇宙，從大霹靂以來都在持續膨脹。不過，它的膨脹速度並不是維持恆定的。透過觀測遙遠星系，並研究在那裡發現到的Ia型超新星，我們已經知道，在距今約六十億年前，也就是大霹靂後約八十億年左右，宇宙的膨脹速度就開始加快。

宇宙再這樣膨脹下去，會發生怎樣的情況呢？對地球上的我們人類而言，這個巨大的膨脹，似乎跟我們的生活無關——在持續膨脹的期間確實如此。但是，在遙遠的未來，大約數千億年之後，宇宙就可能完全冷卻而喪失能量。也就是說，宇宙終究會面臨末日。

膨脹的宇宙

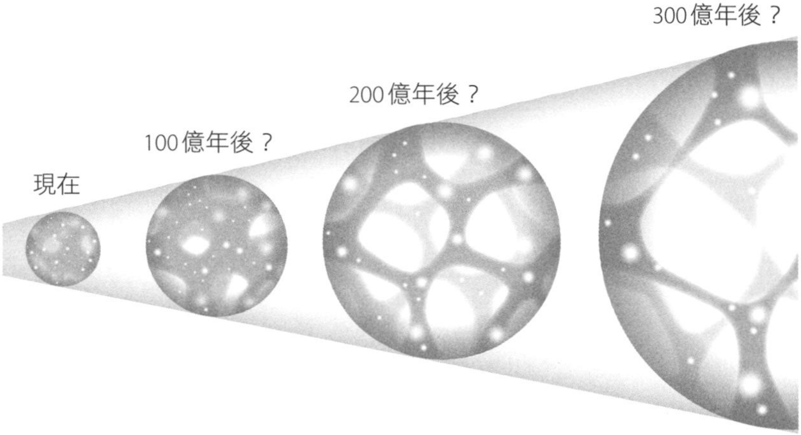

宇宙未來會是什麼樣子？

暗能量加速了宇宙的膨脹，但現代科學還沒有能力揭開暗能量的真面目，暗能量在未來是會維持穩定、持續增加或是減少？完全無法預測。對於暗能量的認識，是個想像的世界，人們提出了各式各樣未來的可能性。

假如暗能量逐漸增加，宇宙的膨脹就會進一步加速，在某些情形下，宇宙可能會在數億年間膨脹變大，最終一切都被撕裂，走向終結。這種宇宙急速膨脹的慘烈結尾，稱為「大撕裂」，若真是如此，宇宙距離旅程終點就只剩下短短數億年了。

另一方面，如果暗能量減少或消失，宇宙則有可能因為自身重力的關係，轉為收縮狀態。如果持續收縮數百億年，最終整個宇宙可能會崩塌、收束為一個點。這個認為「宇宙最後將回歸成一個點」的理論，稱為「大崩墜」。

在一九九八年發現宇宙加速膨脹的現象之前，大崩墜曾經是相當盛行的想法。不過，根據目前的觀測事實，許多科學家已經對大崩墜抱持否定態度。另外也有說法指出，假如發生大崩墜，這個點也有可能再度膨脹出新的宇宙。

不過，無論是走向大撕裂的宇宙，或是走向大崩墜的宇宙，全部都屬於想像的範圍，真正的情形根本無人知曉。我們還是必須先明瞭暗能量才行！

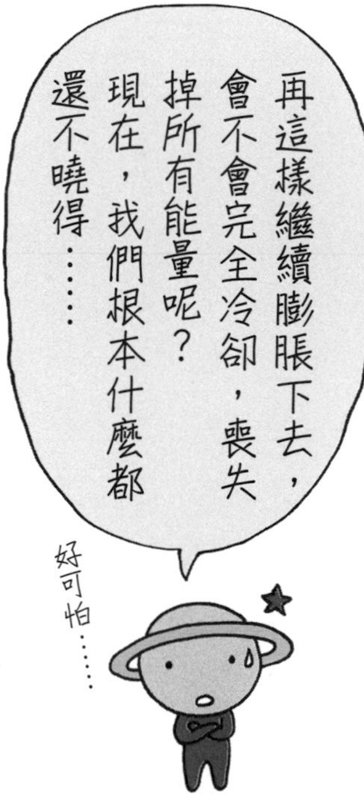
再這樣繼續膨脹下去，
會不會完全冷卻，喪失
掉所有能量呢？
現在，我們根本什麼都
還不曉得……
好可怕……

04

十一維度宇宙：宇宙不只一個

詮釋宇宙的三種定義

我們所居住的這個宇宙，英文稱為Universe或Cosmos；而地球大氣層外的宇宙空間，則稱為Space（太空）。這幾個字詞都跟宇宙有關，但是定義不盡相同，好像有些複雜對吧。

Cosmos是Chaos（混沌）的相反詞，意思為「有秩序的」；另一方面，Universe的Uni則是「單一」的意思，表示宇宙是唯一的存在。另外，我們也將Universe詮釋為包羅萬象的一切。

中文的「宇宙」，則是表示我們所居住的世界最外側的框架。「宇」意味著無限擴張的空間，「宙」則代表著無窮的時間。這個概念包含空間的長寬高，再加上第四維的時間，可見中國在很早之前就已經注意到，宇宙是四個維度的。

超弦理論超級玄

不過在這個宇宙中，存在著像是「宇宙起點」、「黑洞中心」等現代物理學所無法解釋的「奇異點」，假使宇宙是由更高維度所組成的，那會變成怎樣的情況呢？科學家的目標是要想辦法避開奇異點，發展出一個新理論，來讓宇宙成為人類熟知的數學及物理學所能處理的對象。

如果宇宙是在一百三十八億年前從虛無中誕生，那麼時間跟空間也都為零，無法進行任何計算，於是人們構思出超弦理論（Superstring Theory）。這個想法認為，宇宙原本就是十一個維度，萬物的最基本組成是如橡皮筋一般的弦，折疊的維度以及弦，在宇宙的起始就已存在。

超弦理論預測，目前已經證實存在的十七種基本粒子（包含夸克、微中子、電子、光子等等）並不是物質的最小單位，基本粒子其實是由更小的「弦」所組成的。

所有物質都是由弦組成

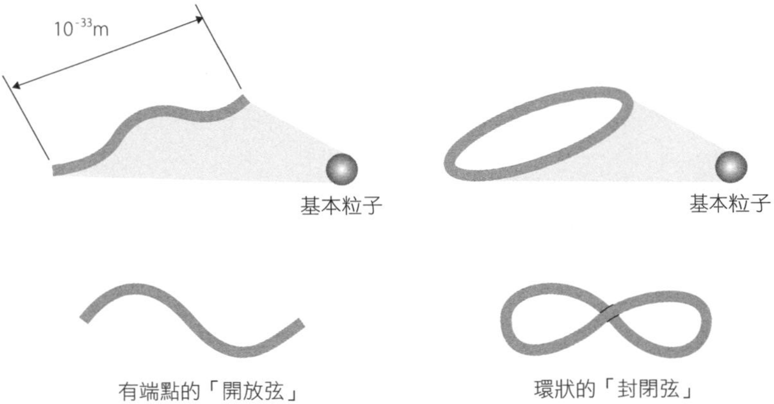

如果把將物質逐步細分，首先會是分子、原子的狀態，分子是原子的集合體，一個個的原子是物質在化學反應中的基本單位。試著探索原子的內部，會發現原子核是由質子和中子組合而成，在周遭有電子圍繞。

電子便是無法再繼續細分的一種基本粒子，但質子和中子則是各由三個夸克所組成★。夸克共有六種，一直以來，夸克也被認為是無法再分割的基本粒子。

再加上光子、希格斯玻色子等

★譯註：質子具有兩個上夸克、一個下夸克；中子具有一個上夸克、兩個下夸克。

多重宇宙的意象圖

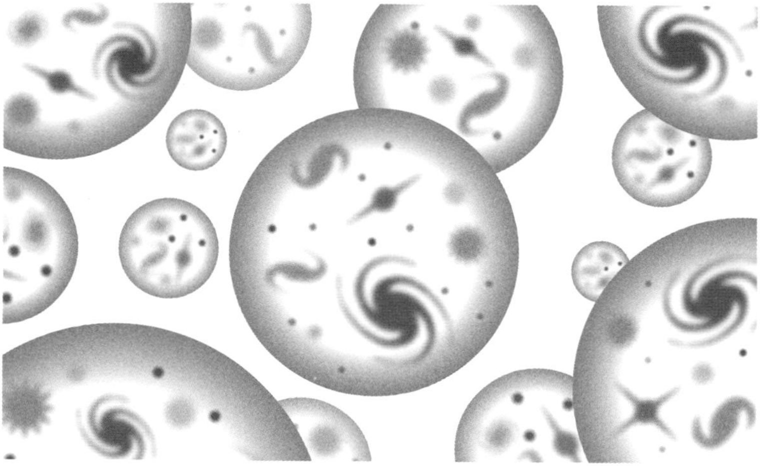

等，現階段科學家已經找到共計十七種基本粒子，但超弦理論卻說，這些基本粒子不過都是一種「弦」。這個想法認為，單一個弦在不同的震動方式之下，可以呈現出不同基本粒子的性質。

這就好像彈奏吉他時，單一琴弦的不同震動方式，也能讓我們聽見不同的聲音——這樣來想，或許會比較好懂。

不過，儘管許多的理論物理學家都企圖要證實超弦理論，但現階段我們仍未找到證據，能夠證明基本粒子就是弦。

當然，十一維度的宇宙只是一種假說。如果引用了超弦和十一維度宇宙的概念，我們會導出一個驚人的結論：宇宙並非Uni（唯一），而是可以存在好幾個宇宙。相信大家一定又覺得宇宙很混沌了吧。而目前有許多理論物理學家，都支持這個多重宇宙的概念。

多重宇宙是不是很像
在這些肥皂泡裡頭都
裝著不同宇宙呢？

05 我們連宇宙的大小都不清楚

宇宙論的大煩惱

以物理學為主要方法，企圖闡明從宇宙起源至今的演變的一門學問，就稱為宇宙論（Cosmology）。

一般來說，科學方法是一套連續的流程，首先觀察事物，然後進行假設，接著透過實驗來檢驗這個假設，是否有疑問和矛盾，然後再進一步研究，得出新的理論。

而宇宙論分成觀測天文學和理論物理學這兩塊，目標是解開從宇宙起始一直到宇宙終結之謎。「外星人」、「宇宙論」、「黑洞」是最多人感興趣的研究主題，時常被開玩笑的稱為天文學三大話題。

不過很遺憾的，在這個學問領域中，別說宇宙的未來了，就連宇宙起始的樣貌、宇宙目前的大小，全都充滿未知。

這是因為宇宙論的研究題目，幾乎都難以在實驗室內重現，好讓研究人員仔細觀察、做實驗。目前，透過各式各樣的觀測結果，幾乎已經證實宇宙是在大約一百三十八億年前誕生，但是除非有時光機，否則我們無法回到過去看到它誕生時的樣貌。

所有歷史，包含宇宙的歷史在內，都是不可逆的過程，無法重複實驗與進行觀測。宇宙的「宙」代表著無限的時間軸，想要正確理解在這個時間軸上所發生的事情，實在非常困難。

另一方面，宇宙論所要探討的整個宇宙的大小，也是加深研究困難的因素之一。宇宙的「宇」代表著無垠的空間，但我們無法準確得知宇宙現在實際的大小。要研究宇宙規模的時間軸、空間軸，在觀測天文學中有其極限。在長寬高這三維空間，加上時間所形成的四維時空之中，我們所觀測到的宇宙特徵，是「看得愈遠，看到的是愈接近從前的模樣」，例如調查一億光年外的星系，地球上的人所能觀測到的，是這個星系一億年前的模樣；而星系目前此刻的模樣，必須從現在起經過一億年，才能從地球上看見。換句話說，遠處正在發生的現象，我們都無法立即看見或體驗那些時刻，只能等到光線走過那些距離（光年）所需的時日之後，才能得知與體驗。

我們能理解無法觀測的事物嗎？

宇宙在一百三十八億年前誕生，在經歷「暴脹」和「大霹靂」等特殊現象之後，宇宙的空間至今仍在持續擴張，但我們無法準確測量它此時此刻的尺寸，研究四維宇宙的方法確實會受限，這就輪到理論天文學上場的時候了。理論天文學會串連已知的觀測事實，按照合理的方式，把看不見的部分、無法得知的部分連結起來。只是，大體上終究會遇到困難，因為許多論文中的邏輯和理論無法透過觀測來驗證。前面單元介紹到的多重宇宙也是一樣，除了我們的宇宙之外，要透過觀測認識其他宇宙，理論上無法做到。

令解析宇宙更加困難的因素，除了宇宙的時間和空間規模超出我們的常識範圍之外，還在於這個環境有著不可預期的極端狀態。恆星內部不斷發生的氫核融合反應，必須維持極端高溫、高壓的狀態。人類就算能透過氫彈、核融合反應爐，在一瞬間創造出來，也還無法維持這種狀態。這表示，人們對核融合的觀察和理解也有極限。更嚴苛的是，在宇宙初始和黑洞中心等處存在著奇異點——無論是在理論領域或實驗、觀測領域，許多研究者不分日夜的持續進行各種努力，為了闡明這些用一般物理學方法無法達到的特殊狀態。

藉助「理論望遠鏡」的力量

宇宙論無法透過一般的科學方法來解析，現正支援相關研究的是有著「理論望遠鏡」稱號的超級電腦，這種研究稱為模擬天文學，許多理論天文學家都會運用電腦，來模擬想研究的現象，確認結果跟觀測事實是否產生矛盾。此時需要斟酌運用公式和參數（變數和常數）來模擬，藉由不斷修正並重新計算，逐步鎖定跟觀測事實最相符的理論和常數。不過，無論我們將超級電腦和AI（人工智慧）發展得多麼好，如果沒有先建構出理論來發展數學公式，或者未能夠正確判斷模

宇宙圖

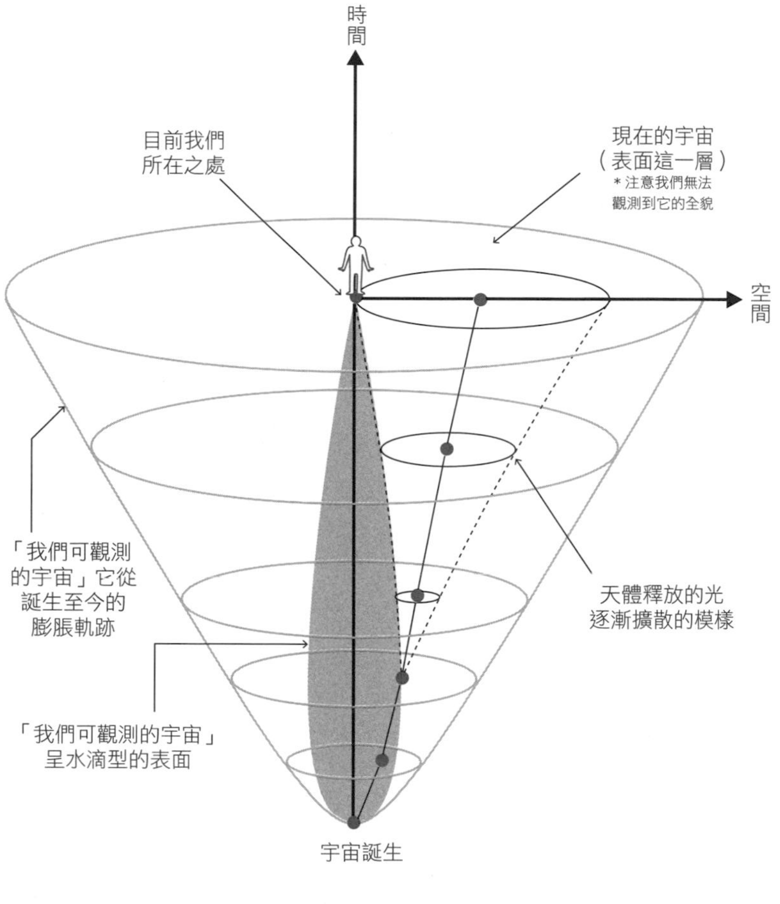
時間
空間
目前我們
所在之處
現在的宇宙
（表面這一層）
＊注意我們無法
觀測到它的全貌
「我們可觀測
的宇宙」它從
誕生至今的
膨脹軌跡
天體釋放的光
逐漸擴散的模樣
「我們可觀測的宇宙」
呈水滴型的表面
宇宙誕生

擬結果所代表的意義，那麼就只是淪為單純的數據拼湊而已，所以，理論研究可說是極度耗腦力的深度（原註：絕不是「黑暗的」）研究活動。

06 地球的孤獨會持續到何時？

「宇宙論原則」適用到什麼範圍？

「宇宙論原則」是研究宇宙時最基礎的概念。宇宙論原則預測，既然在一百三十八億年前的大霹靂之下，由渺小的空間膨脹成了現今廣袤的宇宙，那麼照理說，我們周遭所發生的現象，在宇宙的遠方也會發生。

例如物理學之中包括古典力學、相對論、量子論，以及光等電磁波的傳播等等，在宇宙的所有地方應該都會成立，這是宇宙論原則的假設。

不過就像本書前面介紹到的，嚴格說來，在某些局部區域，如黑洞內部、大霹靂之前宇宙起始的瞬間，我們所知的物理定律並不成立，現在的宇宙中就存在著這些奇異點，而我們還無法理解它們。但是，只要是在相同的條件、環境下，在那些地方也應該適用相同的物理定律。

基本物理定律，如果在宇宙中幾乎所有地方都能成立，那化學領域應該也要成立才對，也就是宇宙裡物質的化學組成和種類。化學反應的方式、我們在高中時學到的化學知識，在地球以外的環境，只要有相同條件，應該都適用。

在地球科學領域也是一樣，自從以「航海家」為首的太陽系探測器前去探訪後，我們已在地球外的太陽系天體上，發現到火山、地震、板塊構造、磁場、極光，以及各式各樣的天氣現象。在距離太陽很遙遠的土星衛星泰坦和冥王星上，也確認到，宇宙論原則同樣適用在地球科學現象。

外星生命理論上是存在的

終於換生物學領域登場了。談到這裡，感覺上宇宙論原則在生物學應該也會成立。這門新學問是天文生物學（Astrobiology），這是才剛起步的年輕學門，往後的研究如果有所進展，或許就能解開許許多多的謎團：為何地球在大約三十八億年前有了生命？當時生命是在哪個地方誕生？而生命的發生條件是什麼呢？

目前所知，只有地球上存在生命。不過，「除地球之外，在宇宙各處都沒有生命」的這種想法，並不合乎宇宙論原則。當然，生命演化的條件相當嚴格，但理論上，宇宙中應該也有著許多環境如同地球的天體才對。

按照道理，我們很難否定外星生命。進一步來說，在地球上從生命誕生後歷經三十八億年，已演化出人類這樣的智慧生物，所以在宇宙某處的星球上，存在著能跟我們交流的外星人，其實也不奇怪。

我們是誰？將要前往何方？

目前「宇宙」正迎向相當有趣的時代。人類從五千多年前展開「觀天解文」的天文活動，而今正逢數百年一次的熱鬧時節。除了光、電磁波等自古即有的「文」之外，二〇一五年，首次驗證的嶄新文句「重力波」，揭開了「多元訊息天文學★」的序幕；另一方面，外星生命的探索也漸入佳境。超過五十世紀都只能觀天解文的人類，終於要步入「對天送文」的時代了。

「我們是誰？將要前往何方？」天文學試圖為這個問題找出答案。人類在四百年前，經歷了從「以地球為中心的宇宙」到「以太陽為中心的宇宙」的「哥白尼革命」（典範轉移）；在不遠的未來，我們有可能會再經歷另一場巨大的典範轉移。跟智慧生物之間的交流，或許不再只是痴人說夢，說得極端些，那會是《星際大戰》一般的世界。

經常有人問：「天文學有什麼用處？」天文學是跟音樂、算數、幾何學並駕齊驅，具有五千多年歷史的最古老學問之一。知道天體的動向、測量天體的位置，能夠幫助訂定曆法、了解時間和方位，是一門「實用科學」，在文明的起源當中不可或缺。

另外，宇宙本身是「信仰」對象的這個事實，跟天文學的發展也密切相關。古時候，占星術跟天文學曾經是渾然一體、無法區分開來。

當人類仰望星空，跟星空對話時，可能會一邊自問：「我們是誰？這裡屬於哪裡？」或是：「我們人類在宇宙中是孤獨的存在嗎？」

就像這樣，宇宙自古就是刺激我們人類求知欲的對象。天文學也因此被稱為

「每個人的科學」或「理科的哲學」。而近年來，對宇宙的愛好，能療癒人心並讓人對未來抱持希望，天文學成長為實現個人幸福的一項工具（文化）。天文不只有學術面，也是一種文化，相信往後在實現個人幸福上會有更多幫助。

彼此串連的社會與生命

似乎許多人接觸了星辰和宇宙後，很不可思議的，都會產生這種感受：為了小事發愁，也無濟於事；不曉得為什麼，變得能放眼未來。沒有什麼比不明白自身「存在的理由」和「立足的位置」，更令人焦慮的了，但是，如果我們能感受宇宙，知道自己存在的理由，並進一步理解自己人生的目的，人們的生活之道很可能澈底改變。當你認識宇宙，可能有一天你可以察覺到自己的存在理由和立足的位置，而會產生改變的，並不只有個人而已。

★編註：多元訊息天文學是關於，運用在天文觀測中所收集到不同種類的訊號，如電磁輻射、重力波、微中子，以及宇宙射線，將這些資訊彼此解釋參照，來了解某些天文現象的發生過程。

拉近距離感受星星和宇宙的「天文文化」，也正在開發中國家擴展，最顯著的例子，就是哥倫比亞的麥德林市。這個對日本人而言相當陌生的城市，在二〇一三年被《華爾街日報》評選為「年度最具創新力的城市」，麥德林市建造的核心是音樂、運動、美術，以及科學和天文學。

哥倫比亞厲行改革，試圖克服長期的惡劣治安與國內對立情況。二〇一二年，麥德林市現代化的天文館完工了。天文館的館長卡魯洛斯・莫里納，曾告訴過我一段很有意思的故事。

有次，一群十五歲左右的年輕黑幫份子來到了天文館，他們平時都不去上課，成天發生幫派衝突，過得荒唐放蕩。據說幫派頭頭看完天文館的節目，一走出星象廳，就放掉武器說：「我們總在反覆爭奪狹小的地盤，但這是錯的。其實整顆地球都是我們人類的地盤。」從那之後，鬥爭平息，年輕人也開始回學校上課了。

在發展中國家，許多人都相信貧窮是一切的元兇，科技則會帶來富足。不過，發展科學技術所能獲得的並不只有「物質的豐裕」、「經濟的繁榮」，認識宇宙，更能帶給我們「心靈的富足」。

那一天在天文館所播放的節目內容，探究了宇宙和人類的關係。畫面首先從麥德林街道一隅的天文館開始，然後逐漸擴大視野到天空，從整個城市、南美大陸、地球、太陽系、銀河系，再到一整個宇宙。它呈現出宇宙那連綿的包羅萬象的景致。

假如全世界的領袖都能觀賞這部節目，來體認到地球在宇宙中僅僅是一個渺小的封閉系統，世界會不會變得更好呢？

如果所有人都有觀看宇宙的視野，總覺得能因此促進世界和平。另外，如果只著眼於這個瞬間的世間，也無法獲得促進世界和平的解方。我們可以向過去學習某些事情，但光是這樣不夠踏實，預測未來也是很重要的。當我們嘗試了解宇宙，將有機會看見未來。天文學提供我們透過大框架去思考的觀點，大局觀是很重要的。而呼應著天文學的「宇宙論原則」，人類也有「人類原則」，或許未來所有人都能體認，讓生活更加美好。

把天文學做為溝通方式

短淺的目光，無法體現宇宙論原則，我們必須擴大視野，從俯瞰的角度觀察目標才行。人類社會也是一樣，若只聚焦在局部，舉目所見就會盡是人與人、國與國之間的「差異」；另外還會過度固守於自身團體的規矩，沒有找到彼此之間的共同點，因而爭端四起。

如果能試著以更大的尺度來看事情，不就能夠找到某種對所有人通用且關鍵的「人類原則」了嗎？這樣一來，相信人們就不會感覺彼此是敵人，而是夥伴。

對古代人而言，天文學算是一種溝通手段。因為相約重逢時，天文學可以讓人們知道季節、時間跟地點，在「把人與人牽繫起來＝成為人類」的層面上，必定是重要的工具。未來，我們跟智慧生物（外星人）之間的通訊工具，或許包括了尋找那顆天體的「天文學」、交流資訊所需的「數學＝數位訊號＝資訊科技」，還有能傳達彼此心情的音樂（＝感動？）也不一定。既然如此，對於在現代社會中承先啟後的我們而言，天文學、數學、音樂就相當重要，是全體人類的

阿波羅8號所拍攝的地球

照片來源：NASA

共同文化素養，也是彼此之間文化的交流工具。就像現代人所熟悉的音樂和網路文化一樣，天體和宇宙對所有現代人而言，或許也是熟悉而不可或缺的存在。

07

宇宙的未來年表

大膽預測往後的「恐怖事件」

一路讀到這裡的各位讀者，不曉得是否已經明白，宇宙既是對於人類求知欲來說很有魅力的對象，同時也意外是「恐怖」的角色。在這裡，做為本書的總結，我試著大膽預測一下未來可能發生的「恐怖」事件（請注意這並沒有很確切的根據）。另外，光是這樣寫恐怕會讓人對未來感到悲觀，所以我也增添了值得期待的天文現象和天文消息。

未來宇宙的恐怖（包含有趣的天文現象）

2020年～	太空垃圾相撞、墜向地球，引發更嚴重的災害
2024年～	巨大閃焰引發戴林傑效應和磁暴
2020年代	阿提米絲計畫（人類再次登月）
2025年	土星環消失（乍看之下） 其後發生在2040年、2055年……以十五年為週期發生
2030年6月1日	北海道可見日環食
2030年左右？	貪婪的資本主義導致經濟崩盤？或發生第三次世界大戰？
2030年代？	星空中塞滿了人造衛星？
2030年代	人類登陸火星？

～2030年代？	發現地球以外的生命？
2032年	坦普爾－塔特爾彗星回歸 獅子座流星雨大爆發？　幾乎每隔三十三年就會出現流星暴
2035年9月2日	日本的北關東至北陸地區可見日全食
2038年2月20日	木星合天王星（於雙子座）
2040年9月4日前後	傍晚的西方天空，五星連珠（水星、金星、火星、木星、土星）
2041年10月25日	日本的中部、近畿地區可見日環食
2042年4月20日	日本的八丈島、小笠原間的海上可見日全食
2061年夏天	哈雷彗星回歸
2063年8月24日	日本的函館、青森可見日全食
2060年代？	探測比鄰星b的結果傳回地球 （突破星擊計畫）

2070年4月11日	太平洋上可見日全食
21世紀中葉？	跟地外智慧生物（外星人）成功通訊？
2100年左右？	全球暖化趨於嚴重（平均氣溫上升達五度） 人類急速邁向滅亡？
2117年12月11日	金星凌日 （上一次為2012年6月6日，在日本也可見。其後發生在2125年、2247年、2255年、2360年、2368年、2490年）
2125年	斯威夫特－塔特爾彗星會回歸嗎？ 這是1862年7月由路易斯．斯威夫特和霍勒斯．塔特爾先後獨立發現，週期為一百三十三年的彗星，是英仙座流星雨的母天體。
2136年春	哈雷彗星再次回歸（下一次為2210年冬天，預計以七十五年為週期）
2270年左右	泰布特彗星回歸（1861年大彗星）
2287年	火星大接近（上一次為2003年）
2344年7月26日	月全食期間月掩土星

4385年左右	海爾－博普彗星回歸（公轉週期為二千四百五十六年，上一次為1997年）
約一萬年後	航海家1號、2號（1977年發射）完全脫離太陽系
一萬三千年後	織女星（Vega）成為北極星（地球歲差運動：週期兩萬六千年）
數萬年後？	冰河期再次到來？雪球地球？
距今？？？	太陽噴發超級閃焰
今後五十萬年內？	直徑超過十公里的小天體撞擊地球（機率上有可能）
今後一百萬年內的某刻	參宿四（獵戶座的一等星）超新星爆發
今後數百萬年內的某刻	心宿二（天蠍座的一等星）超新星爆發
今後？？？	鄰近的超巨星發生特超新星爆發，導致加馬射線暴直衝地球？
大約四十五億年後	仙女座星系與銀河系對撞

大約五十億年後	太陽化為紅巨星膨脹到金星軌道，地球上的生命幾乎死絕？
數億至數十億年後？	大撕裂，宇宙的終點

在赤道那眩目的陽光底下，現在我正位於馬來半島最南端的丹絨比艾國家公園，喉嚨乾渴不已，一邊徘徊著尋找遮蔭處。我的目標是要觀賞正午過後會出現的環狀的太陽。樹葉間隙的日光投影已經變成了月牙狀，周遭環境瀰漫著非比尋常的氣息。

日食是一種在白天時候發生的天文現象，是因為月亮運轉通過太陽前方所造成。二〇一二年五月二十一日，在日本的全國各地都能觀賞到日環食。太陽在天球上的行進路徑（黃道），跟月亮的行進路徑（白道）間的夾角約有五度。因此，除非新月*正好出現在黃道和白道的交點附近，否則在朔日（農曆初一）時，月亮一般是從太陽的上方或下方掠過，白晝時在藍天上完全看不見月亮。不過每年約有兩到四次機會，新月會出現在黃道與白道交點附近。這個時候，太陽－月亮－地球在太空中幾乎呈一直線排列，好像串成一串。不過，由於月亮未必會跟黃白道交點完美疊合，因此並不是每年都會發生日食。有些年份可能發生三到四次日偏食，也有些年份完全不發生日食。另外，滿月那天的情形，則會變成以太陽－地球－月亮的順序排成一串，當月亮運行進入地球的陰影範圍後，月亮的樣子將逐漸缺角，上演夜間天文秀——月食。

不過，這串丸子三兄弟的尺寸落差極大。相對於次男地球，長男太陽的直徑大了一〇九倍之多；三男月亮則是次男的四分之一尺寸。在這全然不同的三兄弟之中，長男跟三男的實際體積明明差了大約四百倍，從地球上看起來，卻幾乎是相同大小，這是何等的奇蹟呀？宇宙雖然廣闊，能夠享受這般偶然的生物，相信並不多見。很有趣的是，由於月亮軌道是橢圓形，月亮跟地球的平均距離是

★編註：新月是指農曆初一時天空上看不到月亮的樣子。此時的月亮運行到太陽與地球之間，地球面對的是月亮黑暗無光的背面，因此看不見它。

三十八萬公里，在最遠跟最近距離仍有相當的差異，在發生日食之際，若月亮是在較靠近地球的位置（近地點），就能完全遮住比自己大了四百倍之多的長男太陽，讓次男地球欣賞到日全食。另一方面，若月亮是運行到離地球較遠的位置（遠地點），則會上演像我這一次要看的日環食。

下一次日本可觀測且條件良好的日環食，將可在二〇三〇年六月一日在北海道觀賞；至於日全食，則是二〇三五年九月二日，在北關東至北陸的遼闊範圍內可觀賞。當然天氣必須要幸運放晴才行……。正因如此，大家也只能跟現在的我一樣，仰望天空衷心盼望著。

日食跟月食可以說是天地異變的兩大冠軍，至於亞軍等級，大概就是用肉眼就看得見它尾巴的大彗星了吧。名留青史的選手代表哈雷彗星，將在二〇六一年夏天回歸（通過近日點）。說起來，我們人類在二〇三五年左右，還有在二〇六一年左右，又是處於什麼情況呢？

這次我之所以會造訪馬來西亞，始於二〇一九年六月我的老友，萬隆理工學院（印尼）的哈奇姆．馬拉珊博士寄來的一封電子郵件。為了在東南亞推廣天文學，他們預計要舉辦教師研習，邀請東南亞各國的高中老師參加，因此委託我擔任講師。日本國立天文臺推廣室自二〇〇八年起，一直運用組裝式望遠鏡套組來進行海外天文教育支援業務，名為「你也是伽利略！」。二〇一九年，為慶祝國際天文聯合會（ＩＡＵ）創設百年，國立天文臺開發了口徑五公分的新型組裝式望遠鏡套組，跟海部宣男先生（前ＩＡＵ會長、國立天文臺名譽教授，二〇一九年四月辭世）一同投入的群眾募資也很成功，剛好從二〇一九年六月開始發放這組「國立天文臺望遠鏡套組」，因此我便參加這場教師研習，進行「你也是伽利略！」活動。

就這樣，二〇一九年十二月二十五至二十八日，在馬來西亞理工大學所舉辦的天文教育工作坊，我將天文望遠鏡的組件發給了來自泰國、馬來西亞、寮國、緬甸、新加坡、印尼，以及地主馬來西亞等國的高中老師。

那場教師研習的活動之一是觀測日環食。包括我們大約四十名成員的團隊在內，從一早就有來自馬來西亞各地，大約七百人的人潮聚集在丹絨比艾國家公園內，簡直就像祭典會場一樣熱鬧。這次日環食最佳的觀測位置，是在接近赤道的印尼蘇門答臘島東邊。若不考慮天候條件，蘇門答臘、馬來西亞、新加坡可說是最適合觀賞日環食的地方。不過，之所以沒有半個日本人跑來這裡追日食，是因為這裡的天氣條件，在十二月的預測平均雲量約為九〇%。國內外許多追日食的人，都去了日環食帶下方的關島，或者氣候乾燥的阿曼蘇丹國、阿拉伯聯合大公國了。事實上，當我抵達馬來西亞後詢問當地人，也都得到「現在是雨季，雖然不用再忍受酷暑，但每年這時節幾乎都不會放晴喔。」這般無情的回應。

不過幸運的是，直到昨天都還在的雨雲就如同夢一場，今天天氣很好，從一早開始就幾乎沒有雲，我想之後必定能欣賞到美妙的日環食。另外透過網路直播，也能讓許多馬來西亞國民同樂。馬來西亞是人口超過三千萬人的伊斯蘭國家，主要領土包括除去新加坡的馬來半島南部，以及婆羅洲北部，但馬來半島僅有最南端位於日環食帶內，因此想要觀看日環食的國民，據說大部分都聚集到了丹絨比艾國家公園這裡。

現在我戴著日食眼鏡，觀看近乎位於頭頂正上方的太陽，它已經出現超過九成的缺角。不過若拿掉日食眼鏡，四周就跟平時白天的狀況沒什麼兩樣。由於陽光非常耀眼，如果心不在焉，應該完全不會察覺到日全食以外的其他日食，如環食、偏食。不過，假如有薄雲經過，就可用肉眼看出太陽缺角的奇異形狀。在接近食甚★時，會場中瀰漫著奇異的氣氛，可以明顯發現天空稍微變暗，藍天的藍色光輝和周圍雲朵的色澤及亮度都跟平時不一樣，不禁令人覺得有些發毛，就連吹來的風，風向跟溫度都跟之前稍有不同。在日環食前一刻，原本一隻鳥都沒有

★編註：食甚是指日食或月食過程中，被遮蓋最多的時候。

的天空，突然有大量不知名的鳥兒群起飛舞。在不曉得日食科學、無法預報日食的時代，這是多麼恐怖得讓人睡不著的天文現象哪。不過，最可怕的現象就是日全食，因為整片黑暗會突然降臨。

二〇一九年十二月二十六日　於丹絨比艾（馬來西亞）

馬來西亞日環食（作者拍攝）

參考文獻

天文學辭典
公益社團法人 日本天文學會

超過3000個與天文．宇宙相關的術語
通俗易懂的解釋。無須註冊．免費。

https://astro-dic.jp/

國立天文臺　https://www.nao.ac.jp/

《理科年表2020》國立天文臺編　丸善出版

《圖解 一本就明白！最新宇宙論》縣 秀彥著　學研Plus

《為何人類對宇宙如此著迷》縣 秀彥著　經法Business出版

BOOK REPUBLIC
讀書共和國
快樂文化
Happy Publishing House
有趣到睡不著
009

一定要知道的驚奇天文學：宇宙的末日在何時？

作者：縣 秀彥／繪者：封面-山下以登、內頁-宇田川由美子／譯者：蕭辰倢
責任編輯：許雅筑／封面與版型設計：黃淑雅
內文排版與上色：立全電腦印前排版有限公司

出版 ｜快樂文化
總編輯：馮季眉／編輯：許雅筑
FB粉絲團：https://www.facebook.com/Happyhappybooks/

讀書共和國出版集團
社長：郭重興／發行人兼出版總監：曾大福
業務平台總經理：李雪麗／印務協理：江域平／印務主任：李孟儒
發行：遠足文化事業股份有限公司／地址：231新北市新店區民權路108-2號9樓
電話：（02）2218-1417／傳真：（02）2218-1142
電郵：service@bookrep.com.tw／郵撥帳號：19504465
客服電話：0800-221-029／網址：www.bookrep.com.tw
法律顧問：華洋法律事務所蘇文生律師

印刷：中原造像股份有限公司／初版一刷：西元2022年1月　初版二刷：西元2022年4月
定價：360元
ISBN：978-626-95357-9-8(平裝)

國家圖書館出版品預行編目（CIP）資料

一定要知道的驚奇天文學：宇宙的末日在何時?/縣秀彥著；蕭辰倢譯. -- 初版. -- 新北市：快樂文化出版：遠足文化事業股份有限公司發行, 2022.01
面；　公分
譯自：怖くて眠れなくなる天文学
ISBN 978-626-95357-9-8(平裝)
1.宇宙 2.天文學
320　　110021614